工业和信息化普通高等教育"十二五"规划教材立项项目

21世纪高等学校计算机规划教材

21st Century University Planned Textbooks of Computer Science

网页设计与制作实验指导（第3版）

The Practice of WebPage Design and Making (3rd Edition)

赵怡 樊东燕 主编

相万让 张永奎 主审

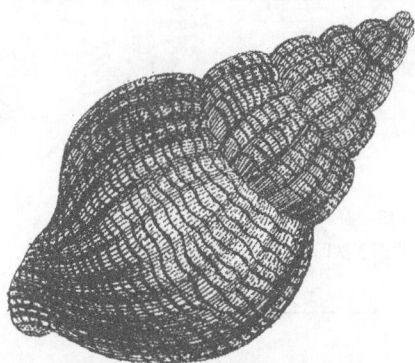

高校系列

人民邮电出版社

北　京

图书在版编目（CIP）数据

网页设计与制作实验指导 / 赵怡，樊东燕主编. --
3版. -- 北京 ：人民邮电出版社，2012.2（2017.2重印）
21世纪高等学校计算机规划教材
ISBN 978-7-115-27198-3

Ⅰ．①网… Ⅱ．①赵… ②樊… Ⅲ．①网页制作工具
－高等学校－教学参考资料 Ⅳ．①TP393.092

中国版本图书馆CIP数据核字(2011)第277831号

内 容 提 要

本书是《网页设计与制作（第 3 版）》的配套实验教材。其内容分为两部分：实验实训部分，有 34
个与教材中的前 10 章相对应的实验实训，主要是对基本理论和基础知识进行实际验证，对网页设计方法
和网页制作技术进行基础训练；设计实例部分，是把网站建设的方法与技术综合起来进行实际训练，是网
页设计与制作方法、技巧的实际例子，供学生进行网站设计与制作时参考。

本教材可选性强，并突出实用性和应用性。本书可作为大学本科计算机专业及其他相关专业"网页设
计与制作"课程的实验教材，也可作为网站建设技术人员、网站管理人员和信息技术爱好者的参考书。

◆ 主　编　赵　怡　樊东燕
　　主　审　相万让　张永奎
　　责任编辑　邹文波

◆ 人民邮电出版社出版发行　　北京市丰台区成寿寺路 11 号
　　邮编　100164　　电子邮件　315@ptpress.com.cn
　　网址　http://www.ptpress.com.cn
　　固安县铭成印刷有限公司印刷

◆ 开本：787×1092　1/16
　　印张：8.75　　　　　　　　2012 年 2 月第 3 版
　　字数：228 千字　　　　　　2017 年 2 月河北第 3 次印刷

ISBN 978-7-115-27198-3
定价：21.00 元
读者服务热线：(010)81055256　印装质量热线：(010)81055316
反盗版热线：(010)81055315
广告经营许可证：京东工商广字第 8052 号

第 3 版前言

　　本书是《网页设计与制作》（第 3 版）的配套实验教材。其内容分为两部分：实验实训部分，有 34 个与教材中的前 10 章相对应的实验实训，主要是对基本理论和基础知识进行实际验证，对网页设计方法和网页制作技术进行基础训练；设计实例部分，是把网站建设的方法与技术综合起来进行实际训练，是网页设计与制作方法、技巧的实际例子，供学生进行网站设计与制作时参考。

　　与前两版相比，本书在编写时注意到了以下几个问题。

　　（1）所涉及的系统软件、处理平台与制作工具，采用了新的技术和新的版本。

　　（2）增加了 CSS 的设置及应用和手机网站设计等实验，满足互联网日新月异的发展速度对网页设计、网站建设的新需求。

　　（3）增大了 Dreamweaver 部分实验内容的比例，删减了 FrontPage、Fireworks、Flash 部分的实验内容，提高了本书的实用性、应用性。

　　（4）充实了"提示"、"问题解答"与"思考题"部分的内容，体现了扩展思路、提高能力的作用。

　　以下几点建议，供安排与组织实验时参考。

　　（1）建议"网页设计与制作"实验为 34 学时，有条件的可安排 54 学时。

　　（2）可根据"网页设计与制作"内容选择开设对应的实验，按照不同的要求确定每个实验为 1 学时还是 2 学时。

　　（3）实验室环境建议为与 Internet 连接的多媒体实验室，实训室最好配备具有多媒体信号的采集、处理与编辑功能的设备、平台与工具。

　　（4）建议对每一次实验评分作为平时成绩，并占该课程考试总成绩的 40%。

　　本书的主编为赵怡、樊东燕。其中实验 1 由闫俊伢编写，实验 2、实验 3 由闫俊伢、高爱乃合写，实验 4 至实验 8 由张晓娟编写，实验 9、实验 10 由樊东燕编写，实验 11 至实验 15 及实例 3 由杨森编写，实验 16 至实验 19 由赵怡编写，实验 20 至实验 22 由赵怡、杨森合写，实验 23 至实验 29 由董妍汝、杨森合写，实验 30 由董妍汝编写，实验 31 至实验 34 由樊东燕、肖宁合写，实例 1、实例 2 由杨森、高爱乃合写，全书由相万让，张永奎主审。在本书的编写过程中得到了徐仲安、杨继平、石冰、李月娥等的支持与帮助，在这里一并表示感谢。

　　由于时间仓促加之编者水平有限，书中难免存在缺点与不足，敬请广大读者批评指正。

编者

2011 年 10 月

目 录

第 1 部分　实验实训

第 2 部分　设计实例

第 1 部分　实验实训

实验 1
精品网站欣赏

1. 实验目的

（1）欣赏各种类型的网站。

（2）了解各种网站类型。

2. 实验内容

（1）网站示范欣赏

站点名称为 Romance-MOMO，站点地址为 http://www.cherryapple.com/momo/。可以从布局、色彩、技术、文字、制作、兼容性等方面综合欣赏优秀网站，并进行学习。

（2）学校网站欣赏

- 山西大学 http://www.sxu.edu.cn/
- 清华大学精品课程网 http://qcourse.tsinghua.edu.cn/index.jsp
- 清华大学 http://www.tsinghua.edu.cn/qhdwzy/index.jsp
- 北京大学 http://www.pku.edu.cn/
- 山西财经大学 http://www.sxcjdx.cn/
- 太原理工大学 http://www.tyut.edu.cn/newsite1/
- 山西医科大学 http://www.sxmu.edu.cn/
- 中北大学 http://www.nuc.edu.cn/
- 太原科技大学 http://www.tyust.edu.cn/
- 中国传媒大学 http://www.cuc.edu.cn/

（3）通信公司网站

- 中国电信北京公司 http://www.bjtelecom.net/
- 中国联通 http://www.chinaunicom.com.cn/
- 中国移动 http://10086.cn/

（4）银行网站

- 中国银行 http://www.boc.cn/cn/static/index.html

- 招商银行 http://www.cmbchina.com/
- 中国工商银行 http://www.icbc.com.cn/
- 中国农业银行 http://www.abchina.com/
- 中国建设银行 http://www.ccb.com/
- 交通银行 http://www.bankcomm.com/
- 兴业银行 http://www.cib.com.cn/

（5）不同类型的公司网站

- IBM 公司 http://www.ibm.com/cn/
- 海尔 http://www.haier.com
- 中国联想 http://www.lenovo.com.cn/
- 可口可乐 http://www.coca-cola.com.cn/home.htm
- 三星公司 http://china.samsung.com.cn/
- 佳能公司 http://www.canon.com.cn/
- 中国石油天然气股份有限公司 http://www.petrochina.com.cn/PetroChina/
- 北京永泰龙科技发展有限公司 http://www.longxu.net/
- 一汽一大众汽车有限公司 http://www.faw-volkswagen.com
- 北京北奥广告有限公司 http://www.bestall.com.cn/
- 北京千艺百意广告有限公司 http://www.16816888.com/
- 首艺娱乐网 http://www.16816888.com/anli/shouyi/index.htm
- 上海机床厂有限公司 http://www.smtw.com/cn/index.asp
- 宁波今日食品有限公司 http://www.todayfood.com.cn/
- 沧州金狮化工有限公司 http://www.goldlionchem.com/gs.html
- 富雅利家居用品制造厂 http://www.fuyali.com/

（6）购物网站

- 淘宝网 http://www.taobao.com/
- 卓越购物 http://www.amazon.cn
- 当当购物 http://www.dangdang.com/
- 阿里巴巴 http://www.alibaba.com/
- 拍拍网 http://www.paipai.com/

（7）门户类网站

- 新浪 http://www.sina.com.cn/
- 搜狐 http://www.sohu.com/
- 网易 http://www.163.com/
- 腾讯 QQ http://www.qq.com/

（8）其他类型网站

- 国外优秀网站 http://www.moexpo.com/wangzhan/0611220000119500.html
- 优秀商业网站 http://www.moexpo.com/wangzhan/06112200001181671.html
- 桌面主题网站 http://www.moexpo.com/wangzhan/06112200001139003_4.html
- 政府网站　　　http://www.gov.cn/
- 教育网站　　　http://www.edu.cn/

3.　问题解答

网站主要有哪些类型？

按照主体性质不同，网站可以分为政府网站、企业网站、商业网站、教育科研机构网站、个人网站、其他非赢利机构网站以及其他类型等。

4.　思考题

（1）如何欣赏网站？

（2）各类网站有何不同？各自的特色是什么？

实验 2
网页色彩应用

1. 实验目的

（1）理解色彩在网页中的应用。

（2）掌握配色的类型及方法。

2. 实验内容

（1）网页色彩搭配的原理

① 色彩的鲜明性：网页的色彩要鲜艳，容易引人注目。

② 色彩的独特性：要有与众不同的色彩，使得大家印象强烈。

③ 色彩的合适性：即色彩和表达的内容气氛相适合。

④ 色彩的联想性：不同色彩会产生不同的联想，如蓝色想到天空，黑色想到黑夜，红色想到喜事等，选择色彩要和网页的内涵相关联。

（2）网页色彩分析

① 色名对比。将相同的橙色放在红色或黄色上（见图 2-1、图 2-2），会发现在红色上的橙色会有偏黄的感觉，因为橙色是由红色和黄色调成的，当它和红色并列时，相同的成分被调和而相异部分被增强，所以看起来比单独时偏黄，与其他色彩来进行比较也会有这种现象，我们称为色名对比。

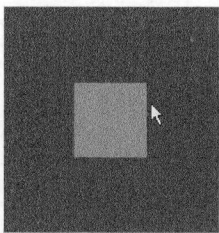

图 2-1　橙色放在红色上　　　　　　　　　图 2-2　橙色放在黄色上

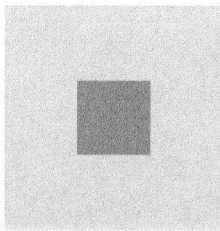

除了色感偏移之外，对比的两色有时会发生互相色渗的现象，而影响相隔界线的视觉效果。当对比的两色具有相同的彩度和明度时，对比的效果明显；两色越接近补色，对比效果越强烈，如图 2-3、图 2-4、图 2-5 所示。

② 明度对比。将相同的色彩放在黑色和白色上，比较色彩的感觉，会发现放在黑色上的色彩感觉比较亮；放在白色上的色彩感觉比较暗，明暗的对比效果非常强烈、明显，如图 2-6、图 2-7 所示，对配色结果产生影响。明度差异很大的对比，会让人有不安的感觉。

图 2-3   上红下绿

图 2-4   上黄下紫

图 2-5   上橙下蓝

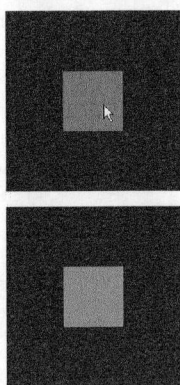

图 2-6   上灰下橙黑底

图 2-7   上灰下橙白底

③ 补色对比。两个互为补色的色彩在一起时，会产生明显的效果，使色彩彼此色感更强，我们称之为补色对比，如图 2-8 所示。

④ 面积对比。将两个色彩强弱不同的色彩放在一起，若要得到对比均衡的效果，必须以不同的面积大小来调整，弱色占大面积，强色占小面积。而色彩的强弱是以其明度和彩度来判断的，这种现象称为面积对比，如图 2-9 所示。

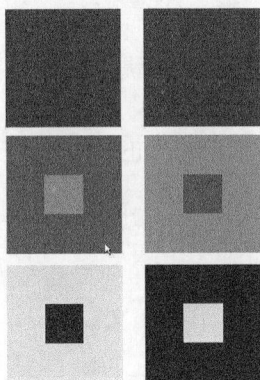

图 2-8   红与绿、蓝与橙、黄与紫

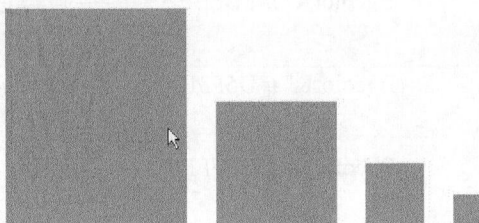

图 2-9   面积对比

⑤ 配色的基本类型。在考虑如何配色时，必须先确定自己到底要怎样的配色效果。一般来说，网页的背景色应该柔和一些、素一些、淡一些，再配上深色的文字，使之看起来自然、舒畅；而为了追求醒目的视觉效果，可以为标题使用较深的颜色。下面是一些对网页背景色和文字色彩搭配的经验，这些颜色可以作为正文的底色；也可以作为标题的底色；再搭配不同的字体，会有不错的效果。

BgcolorK"#F1FAFA"————作为正文的背景色较好，淡雅。

BgcolorK"#E8FFE8"————作为标题的背景色较好。

BgcolorK"#E8E8FF"————作为正文的背景色较好，文字颜色配黑色。

BgcolorK"#8080C0"————上配黄色或白色文字较好。

BgcolorK"#E8D098"————上配浅蓝色或蓝色文字较好。

BgcolorK"#EFEFDA"————上配浅蓝色或红色文字较好。

BgcolorK"#F2F1D7"————配黑色文字素雅，红色则显得醒目。

BgcolorK"#336699"————配白色文字较好。

BgcolorK"#6699CC"————配白色文字较好，可以作为标题。

BgcolorK"#66CCCC"————配白色文字较好，可以作为标题。

BgcolorK"#B45B3E"————配白色文字较好，可以作为标题。

BgcolorK"#479AC7"————配白色文字较好，可以作为标题。

BgcolorK"#00B271"————配白色文字较好，可以作为标题。

BgcolorK"#FBFBEA"————配黑色文字较好，一般作为正文。

BgcolorK"#D5F3F4"————配黑色文字较好，一般作为正文。

BgcolorK"#D7FFF0"————配黑色文字较好，一般作为正文。

BgcolorK"#F0DAD2"————配黑色文字较好，一般作为正文。

BgcolorK"#DDF3FF"————配黑色文字较好，一般作为正文。

　　浅绿色底配黑色文字，或白色底配蓝色文字都很醒目，但前者突出背景，后者突出文字。红色底配白色文字，比较深的底色配黄色文字显得非常有效果。

　　注意：在网页配色中，不要将所有颜色都用到，尽量控制在3种色彩以内；背景和前文的对比尽量要大，尽量不要用花纹繁复的图案作背景，以便突出主要文字内容。

3. 问题解答

（1）常用的配色方案有哪些？

常用的配色方案有如下几种：暖色调，即红色、橙色、黄色、赭色等色彩的搭配；冷色调，即青色、绿色、紫色等色彩的搭配；对比色调，即把色性完全相反的色彩搭配在同一个空间里。主页底色（背景色）的深、浅，即"高调"和"低调"。底色浅的称为高调，底色深的称为低调。底色深，文字的颜色就要浅，以深色的背景衬托浅色的内容；反之，底色淡的，文字的颜色就要深些，以浅色的背景衬托深色的内容。这种深浅的变化在色彩学中称为"明度变化"。

（2）什么是色名对比？

将相同的橙色放在红色或黄色上会发现，在红色上的橙色会有偏黄的感觉，因为橙色是由红色和黄色调成的，当它和红色并列时，相同的成分被调和而相异部分被增强，所以看起来比单独时偏黄；与其他色彩来进行比较也会有这种现象，我们称为色名对比。

（3）网页色彩搭配的原理是什么？

网页色彩搭配的原理：色彩的鲜明性、色彩的独特性、色彩的合适性与色彩的联想性。

4. 思考题

（1）如何配色？配色的类型有哪些？

（2）如何使用互补色进行网页设计？

（3）配色的主要用途是什么？

（4）进行网页色彩搭配有何技巧？

实验 3
网页分析评价

1. 实验目的

（1）掌握对网页分析评价的内容。

（2）通过对网页的评价了解网页的整体布局。

2. 实验内容

（1）选择几个典型的网页，了解网页的整体布局，并进行评比打分，然后分析各个网页的优缺点。

（2）分析评价网页参看表 3-1 所示的网页评价参考标准。

表 3-1　　　　　　　　　　　　　　网页评价参考标准

项　　　目	分　　　值	评分标准及要求	评定等级标准	
版面内容（40）	版面布局（10）	版面设计新颖，布局合理，层次分明	A. 很好	版面设计新颖，布局合理，层次分明
			B. 好	版面设计较新颖，布局较合理，层次分明
			C. 一般	版面布局较合理，层次较分明
			D. 较差	版面设计不新颖，层次不分明
			E. 差	版面设计不新颖，布局不合理，层次不分明
	页面图文编排（10）	页面字体美观大方、大小适宜，文字图片等编排整齐	A. 很好	页面字体美观大方、大小适宜，文图编排整齐
			B. 好	页面字体较美观、大小适宜，文图编排整齐
			C. 一般	页面字体大小适宜，文字图片等编排较整齐
			D. 较差	页面字体视觉效果较差、大小有些失调，文字图片等编排不整齐
			E. 差	页面字体视觉效果差、大小严重失调，文字图片等编排不合理
	文字内容（10）	内容健康，积极向上，文字准确，语言通顺	A. 很好	内容健康，积极向上，文字准确，语言通顺
			B. 好	内容健康，积极向上，文字较准确，语言较通顺
			C. 一般	内容健康，文字较准确，语言较通顺
			D. 较差	内容不积极向上，文字、标点错误较多，病句较多
			E. 差	内容不健康或消极，文字、标点错误多，病句很多

续表

项　目	分　值	评分标准及要求	评定等级标准	
版面内容（40）	栏目设计的部门特色（10）	栏目设置贴切，突出部门特色	A. 很好	栏目设置贴切，突出特色，既具有必备栏目又具有特色栏目
			B. 好	栏目设置贴切，比较突出部门特色
			C. 一般	栏目设置较贴切
			D. 较差	栏目设置不够贴切，必备栏目不足
			E. 差	栏目设置不贴切，无必备栏目
技术特点（25）	链接点通率（10）	第一页及第二页的超级链接的链接点通率不低于60%	A. 很好	80%以上，即时10个结点可点通8个
			B. 好	60%
			C. 一般	50%~60%
			D. 较差	50%
			E. 差	50%以下
	链接深度（10）	主要栏目的链接点深度不低于3层	A. 很好	4层以上
			B. 好	3层
			C. 一般	2层
	信息反馈与页间关联标志（5）	有与网友进行信息交流的栏目与渠道，有清晰的网页关联标志	A. 很好	有栏目、有渠道、有标志
			B. 好	有栏目、有渠道
			C. 一般	有栏目
			D. 较差	没有栏目、没有渠道
艺术风格（25）	主题风格（10）	主题风格突出，个性鲜明	A. 很好	主题风格较突出，个性鲜明
			B. 好	主题风格较突出，个性不突出
			C. 一般	主题风格不突出，个性不突出
			D. 较差	主题风格不突出，个性不突出
	动静效果（5）	动与静的搭配合理，动而不乱，静而不僵	A. 很好	有静有动，动与静的搭配较合理；动而不乱，动画总数两个以上
			B. 好	有静有动，但动画数总数不足两个
			C. 差	所有页面均无动画
	色彩搭配（10）	色彩和谐自然	A. 很好	色彩和谐自然，既不过于浓艳，又不过于单调
			B. 好	色彩较和谐自然，既不过于浓艳，又不过于单调
			C. 一般	色彩较和谐
			D. 较差	色彩不和谐，或浓艳，或单调
			E. 差	色彩极不和谐
辅助（5）	搜索功能（5）	有较好的搜索功能	A. 很好	有较高级的搜索功能
			B. 好	搜索结果有排序功能
			C. 一般	有搜索功能
			D. 较差	没有搜索功能
合法（5）	版权及合法手续（5）	要有主管部门的许可证	A. 很好	有版权说明，ICP证齐全，有工商等有关主管部门的许可证
			B. 好	有版权说明，有ICP证
			C. 较差	有版权说明，没有ICP证
			D. 差	没有版权说明，没有ICP证

3. 问题解答

网页排版布局的原则是什么？

网页排版布局要遵循以下原则：①平衡性，即文字、图像等要素的空间占用上分布均匀及色彩的平衡；②对称性，对称时适当地制造一点变化；③对照性，即让不同的形态、色彩等元素相互对照，来形成鲜明的视觉效果；④疏密度，网页要做到疏密有度，不要整个网页一种样式，要适当进行留白，运用空格，改变行间距、字间距等制造一些变化的效果；⑤比例性，比例适当在布局当中非常重要，虽然不一定都要做到黄金分割，但比例一定要和谐。

4. 思考题

（1）网页有哪些类型？

（2）网页评价有什么用途？

（3）网页整体结构如何选择？

实验 4
建立和管理本地站点

1. 实验目的

（1）掌握并熟悉 Dreamweaver 的工作界面。

（2）能够自定义工作环境。

（3）进行一个简单的网页设计。

2. 实验内容

建立一个以自己名字命名的站点，该站点包含 3 个文件夹：image、css、mdb；4 个网页：index.html、jianjie.html、zuopin.html、xuexi.html，设置主页 index.html 的标题为"本站主页"，其页面效果如图 4-1 所示。

图 4-1　效果图

3. 实验步骤

（1）打开 Dreamweaver，选择"站点"→"管理站点"菜单命令，弹出如图 4-2 所示的对话框。在弹出的"站点设置对象"对话框的"站点名称"文本框中输入站点名称，如"myweb"；在"本地站点文件夹"文本框中选择本地文件夹，如"D:\myweb\"。设置完毕，单击"保存"按钮。

（2）在 Dreamweaver 的工作界面右侧"浮动面板组"中的"文件"面板中就能看到刚才新建

的站点 myweb，如图 4-3 所示。

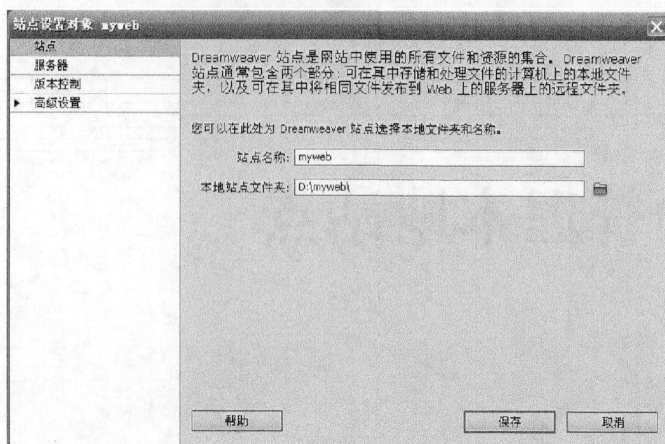

图 4-2　新建站点

如果要对所建立的站点进行修改，可以选择"站点"→"管理站点"→"编辑"菜单命令。

（3）在站点文件列表中用鼠标右键单击"站点—myweb(D:\myweb)"，在弹出的快捷菜单中选择"新建文件夹"命令，文件列表中就会出现名为"新建文件夹"的文件夹，将该文件夹命名为"image"，同样操作建立 css 文件夹和 mdb 文件夹。

（4）在站点文件列表中用鼠标右键单击"站点—myweb(D:\myweb)"，在弹出的快捷菜单中选择"新建文件"命令，文件列表中就会出现名为"新建文件"的网页文件，将该文件命名为"index.html"，同样操作建立 jianjie.html、zuopin.html、xuexi.html 文件，如图 4-4 所示。

图 4-3　"文件"面板

图 4-4　新建文件后的"文件"面板

（5）在站点文件列表中双击 index.html 文件，打开该网页，将光标定位到"文档工具栏"中的"标题"，将标题中的内容改为"本站主页"，如图 4-5 所示。

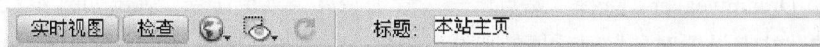

图 4-5　修改"标题"

（6）单击"属性"面板中的"页面属性"按钮，弹出如图 4-6 所示的"页面属性"对话框，单击"背景图像"后面的"浏览"按钮，添加背景图像即可。

（7）在工作区的"编辑窗口"中输入"欢迎光临我的小站"。

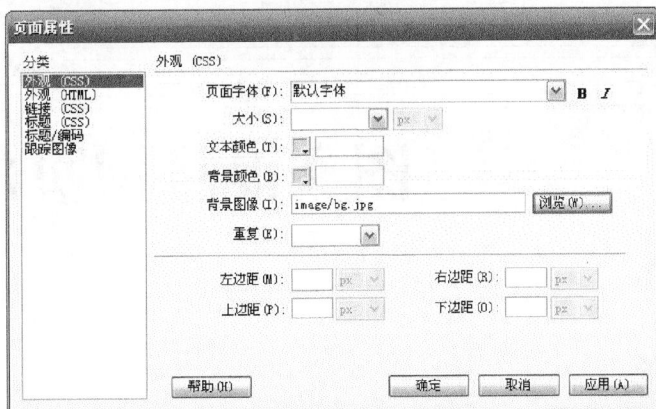

图 4-6 "页面属性"对话框

（8）浏览测试。浏览测试的方法有 3 种，第 1 种方法是直接按 F12 键，这是最快捷的方法，建议读者以后尽量采用这种方法。第 2 种方法是单击如"文档工具栏"中的 ⌖. 按钮，在弹出的菜单中选择"预览在 iexplore"命令，即可在 IE 浏览器中浏览当前网页。第 3 种方法是选择"文件" → "在浏览器中预览" → "iexplore"菜单命令，即可在 IE 浏览器中浏览测试当前网页。

4. 问题解答

（1）Dreamweaver 中无法使用中文文件名和路径吗?

由于网络服务器有的不支持中文路径和文件名称，所以 Dreamweaver 中也不支持，当使用中文做路径和文件名称时，Dreamweaver 会自动转换为 ASCII，因此建议所有路径和文件使用英文标识。如果确定服务器支持中文，而且必须使用中文文件名称，可以在 HTML 中手动将 ASCII 换成中文。

（2）在规划站点结构时，应该遵循哪些规则?

规划站点结构时应该遵循的规则如下：首先，每个栏目一个文件夹，把站点划分为多个目录；其次，不同类型的文件放在不同的文件夹中，有利于调用和管理；另外，在本地站点和远程站点使用相同的目录结构，使在本地制作的站点原封不动地显示出来。

5. 思考题

（1）怎样对站点下的文件检查浏览器?

（2）站点的取出和存回是怎么回事?

实验 5
图文混排网页的制作

1. 实验目的

（1）掌握网页布局的方法。

（2）掌握在网页中插入图片的方法。

（3）掌握网页中图文混排的排版方法。

2. 实验内容

制作"秋天的思念"网页效果，如图 5-1 所示。

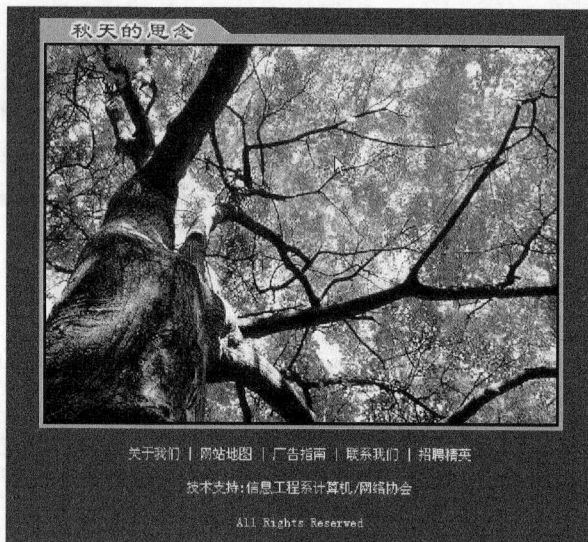

图 5-1　效果图

3. 实验步骤

（1）背景颜色设置为"#313884"，页面标题设置为"秋天的思念"。

（2）插入一个 3 行 1 列的表格，将表格宽度设置为"558"像素，边框粗细、单元格边距、单元格间距均设置为"0"像素，如图 5-2 所示。在"属性"面板中设置表格的对齐方式为"居中对齐"。

（3）在"代码"视图中使用代码<td background="image/bg.gif"></td>将第 1 行单元格的背景设置为图片"bg.gif"，同时在第 1 行的单元格内插入图片"logo.gif"，并设置为左对齐，效果如图5-3 所示。

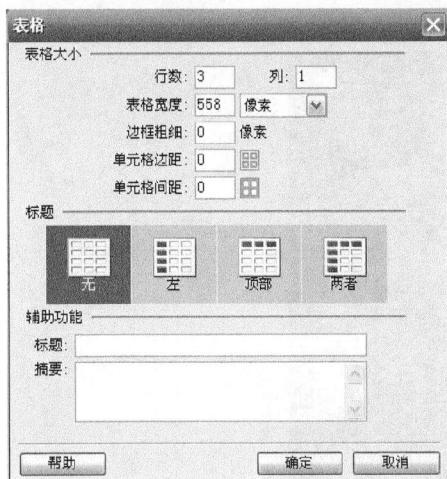

图 5-2 "表格"对话框

图 5-3 第 1 行单元格内容

（4）将第 2 行和第 3 行单元格的背景颜色均设置为"#FFA200"，在第 3 行的单元格内插入图片"blank.gif"，并将其宽度设置为"1"像素、高度设置为"10"像素。

注意：blank.gif 是一个宽和高均为 1 像素的透明图片，在网页制作中经常利用这种透明图片来"撑开"表格，使其处于固定的宽度和高度。

（5）在第 2 行单元格内插入一个 1 行、3 列的表格，将其宽度设置为 100%，边框粗细、单元格边距、单元格间距均设置为"0"像素，对齐方式设置为"居中对齐"。

（6）在新插入表格的第 2 列单元格内插入图片"autu.jpg"，将第 1 列至第 3 列单元格的宽度分别设置为 2%、96%、2%，同时单击代码视图，将第 1 列和第 3 列单元格内的" "删除，效果如图 5-4 所示。

图 5-4 表格内容

（7）在表格的下面输入以下版权信息：

关于我们 ｜ 网站地图 ｜ 广告指南 ｜ 联系我们 ｜ 招聘精英

技术支持：信息学院计算机/网络协会

All Rights Reserved

将文本大小设置为"14"像素，颜色设置为"#FFFFFF"，并设置对齐方式为"居中对齐"，效果如图 5-5 所示。

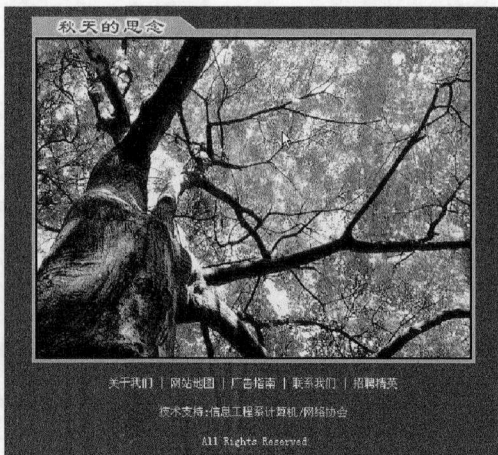

图 5-5　效果图

4. 问题解答

（1）制作好网页后预览，为什么在浏览器中看到的字体比在 Dreamweaver 中的大或小？

这是由于 Dreamweaver 和浏览器的字体大小默认值不同造成的，只要调整字体大小或在选择"修改"→"页面属性"命令中指定页面中的字体大小就可以了。

（2）在网页中，图片和表格接触的地方如何不留空隙？

要使图片和表格接触的地方不留空隙，仅在表格"属性"面板上把外框线（border）设为 0 是不够的，还要把单元格的两个属性设为 0(cellspacing="0" cellpadding="0")。

5. 思考题

（1）" "是什么？它有什么作用？

（2）设置对象属性时，其长度单位可分为几类？都有哪些？如何利用不同的长度单位？

（3）在设置网页背景图像时，如果图像太小，铺不满整个网页，怎么办？

实验 6
网页中图像的制作与处理

1. 实验目的

掌握、利用 Photoshop 提供的各种工具来设计网页图像素材，如制作精美文字、按钮，制作一些特殊效果等。

2. 实验内容

使用 Photoshop 制作如图 6-1 所示的首页效果图。

图 6-1　效果图

3. 实验步骤

（1）启动 Photoshop，选择"文件"→"新建"菜单命令，设置文件大小为 1004 像素×600 像素（宽度×高度），分辨率为 72 像素/英寸，色彩模式为 RGB 颜色，背景颜色为白色，文件名称为"首页"，如图 6-2 所示。

（2）新建图层，使用"钢笔"工具勾画背景区域，如图 6-3 所示。使用"转换点"工具，单击路径上的锚点，然后按住鼠标拖曳，可以对路径锚点进行调整，拖动控制柄使曲线变得圆滑。另外，可以使用"直接选择"工具调整路径上锚点的位置。要注意并不是锚点越多越好，锚点只安排在曲线转折的地方。相反，锚点越少，越容易将路径调整平滑。

（3）将路径转换为选区后，选择渐变工具，从左向右颜色为左侧（R:149,G:213,B:242），40%

位置处（R:178,G:226,B:249），右侧（R:26,G:95,B:168），从左下角向右上角拖曳鼠标，为选区填充渐变颜色。使用减淡工具，设置较大的画笔半径，减淡右侧下面部分颜色。使用加深工具，设置属性为较大的画笔半径，加深导航区域的颜色，如图6-4所示，然后取消选区。

图6-2　"新建"对话框

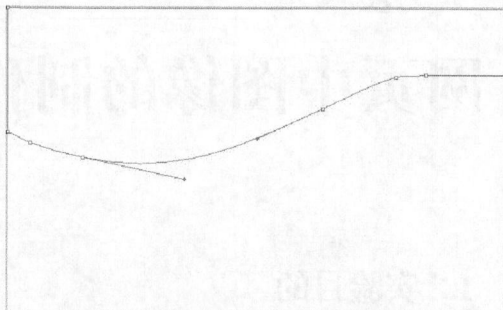

图6-3　使用"钢笔"工具勾画背景区域

（4）使用文本工具，输入网站名称"计算机培训中心"，设置字体颜色，设置图层样式为"描边"白色，大小为2像素，如图6-5所示。如有需要，可使用"钢笔"工具在网站名称前面绘制网站标志。

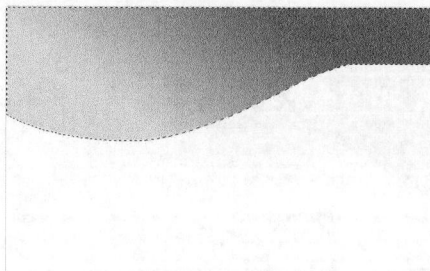

图6-4　填充颜色

图6-5　制作网站名称

（5）制作网站导航。新建图层，选择"圆角矩形"工具，设置圆角半径为3像素，工作方式为"路径"，在网站名称右侧拖动出导航区域。转换为选区，描边前景色为淡灰色（R:240,G:240,B:240）；选择"渐变"工具，设置渐变颜色带为左侧（R:104,G:179,B:221），右侧（R:38,G:108,B:178）；从选区左下角向右上角拖曳鼠标，填充蓝色渐变，然后取消当前区域的选择。使用文字工具，设置文字字体为中圆，大小为16点，颜色为白色，输入导航文字，如图6-6所示。

图6-6　制作网站导航

（6）使用"移动"工具将素材移至合适位置，按"Ctrl+T"组合键对素材进行自由变形。选择"背景"层，新建"曲线"图层，使用"钢笔"工具创建路径，将路径转换为选区，设置前景色为灰色（R:228,G:228,B:228），为选区填充前景色，然后取消选区。图6-7所示为网页主图的设计效果。

（7）选择"背景"图层，创建"底部背景"图层，使用矩形选择工具，从左上角向右下角拖动鼠标，框选网页底部矩形部分。选择渐变工具，设置颜色从左至右依次为（R:229,G:246,B:254），（R:87,G:195,B:241），（R:32,G:112,B:172）；不透明度从左至右依次为 10%，80%，100%；从上向下填充渐变颜色，然后取消选区。使用文本工具，输入版权信息，颜色为白色，对齐方式为右对齐；上面字体大小为 12，下面字体大小为 10；行间距为 18，并添加"描边"图层样式，如图 6-8 所示。

图 6-7　网页主图的设计　　　　　　　　　　图 6-8　"版权信息"设计

（8）选择背景图层，创建"信息中心图标"图层，使用 "椭圆选择工具"绘制环形图标，填充颜色（R:248,G:174,B:54）。选择文本工具，输入"信息中心 News"栏目文字；输入新闻标题信息；输入新闻日期；设置字体和颜色。使用"文本工具"输入英文"MORE"，设置字体与大小，放置在信息中心栏目的右侧。按照绘制"信息中心图标"的方法，绘制表示更多的图标。采取复制图层的方法创建"热点链接"内容，如图 6-9 所示。

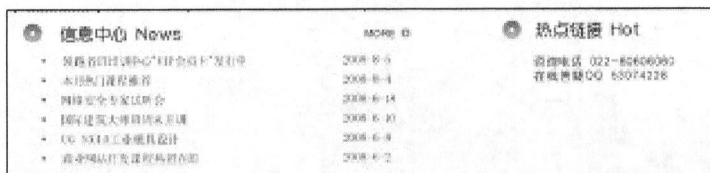

图 6-9　"网站栏目"设计

（9）使用"圆角矩形"与"文本工具"工具和素材图片完成"热点链接"内容，如图 6-10 所示。

（10）创建新图层，改名为"认证"，使用与创建"热点链接"同样的方法，创建"微软"和"Adobe"认证内容，如图 6-11 所示。

图 6-10　"热点链接"内容设计　　　　　　图 6-11　"认证"内容设计

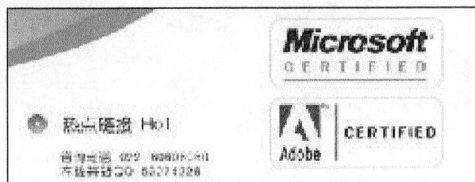

（11）使用"切片"工具，创建如图 6-12 所示的切片效果。

（12）选择"文件"→"存储"命令保存源文件。选择"文件"→"存储为 Web 和设备所用格式"命令，打开"存储为 Web 和设备所用格式"对话框，按照切片对图像进行优化，如图 6-13 所示。对于质量要求较高的图像，如标志、网站名称、主图、热点链接等选择优化选项为"JPEG-

较高品质"，并调整品质的参数。对于质量要求较低的图像，可以将图片优化为 GIF 格式，注意保证图片的颜色为 256 色。选择"存储"命令，设置存储的类型为"HTML 和图像"，单击"保存"按钮存储网页文件和图像切片。

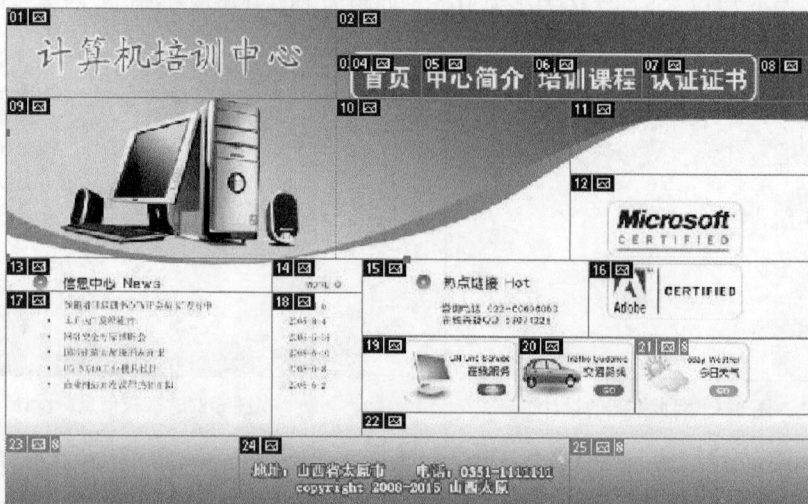

图 6-12　切片划分

图 6-13　优化图像

4. 问题解答

（1）在使用 Photoshop 设计网页时，文件宽度、高度如何设置？

在设计效果图时需要注意，由于网页是用浏览器打开显示的，需要考虑浏览器的菜单、工具栏、滚动条等窗口元素所占据的空间，因此，当显示器的分辨率为 800×600 像素时，网页效果图标准尺寸是 775×435 像素。当显示器的分辨率为 1024×768 像素时，网页尺寸为 1004×600 像素，注意设置网页的左右、上下边距为 0。

（2）什么是切片?

在制图软件或网页制作软件中，把图像切成几部分称为切片，将图像一片一片往上传，这样上传的速度比较快。

切片工具主要是用来将大图片分解为几张小图片，这个功能用在网页中比较多，因为现在的网页中图文并茂，也正因如此打开一个网页所需的时间就比较长，为了不让浏览网页的人等的时间太长，所以将图片切为几个小图片来显示。

5.　思考题

（1）网页中的图像应该保存为哪些格式?

（2）在存储为 Web 图像时，切片去了哪里?

在网页中添加 Flash 元素

1. 实验目的

（1）掌握在网页中插入 Flash 动画及属性设置的方法。

（2）了解在网页中插入视频的操作方法。

2. 实验内容

（1）练习在网页中插入 Flash 动画，并进行相应的属性设置。

（2）练习在网页中插入视频，并进行相应的属性设置。

3. 实验步骤

（1）把光标定位在要插入动画的位置，然后单击"插入"→"媒体"→"SWF"菜单命令，打开如图 7-1 所示的"选择 SWF"对话框。在对话框中选择要插入的 Flash 动画文件，单击"确定"按钮，弹出如图 7-2 所示的"对象标签辅助功能属性"对话框，在该对话框中输入标题、访问键等辅助功能信息，然后单击"确定"按钮；也可不输入任何信息直接单击"确定"按钮。

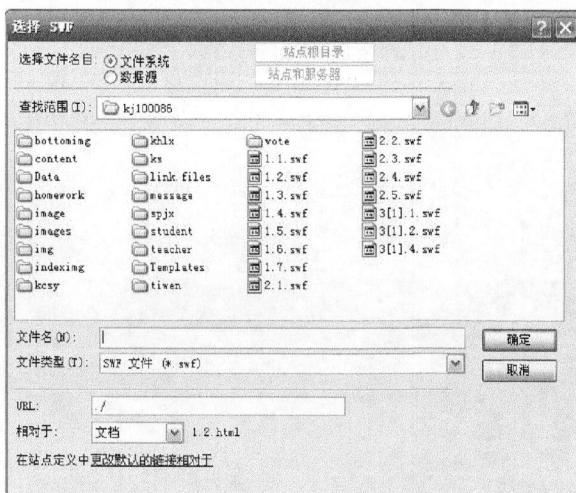

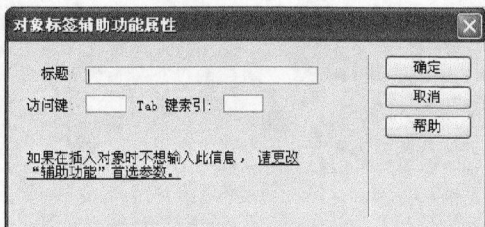

图 7-1 "选择 SWF"对话框 　　　　　图 7-2 "对象标签辅助功能属性"对话框

（2）Flash 动画插入到网页中指定位置后并不会在设计视图中显示其内容，而是以一个带有字母 f 的灰色框 [f] 来表示，在浏览时就可看到插入的 Flash 动画了。

（3）在页面中单击选中插入的 Flash 文件，然后在"Flash"的属性面板中设置 Flash 的属性，如图 7-3 所示。

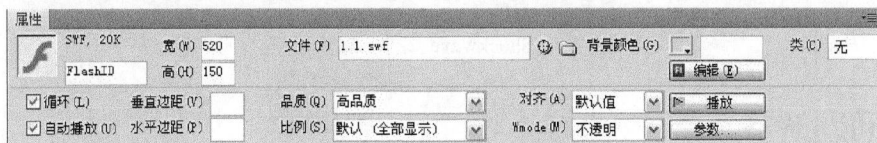

图 7-3　"Flash 文件"属性对话框

（4）把光标定位在要插入 Flash 视频的位置，然后单击"插入"→"媒体"→"Flash 视频…"菜单命令，打开"插入 Flash 视频"对话框，如图 7-4 所示。

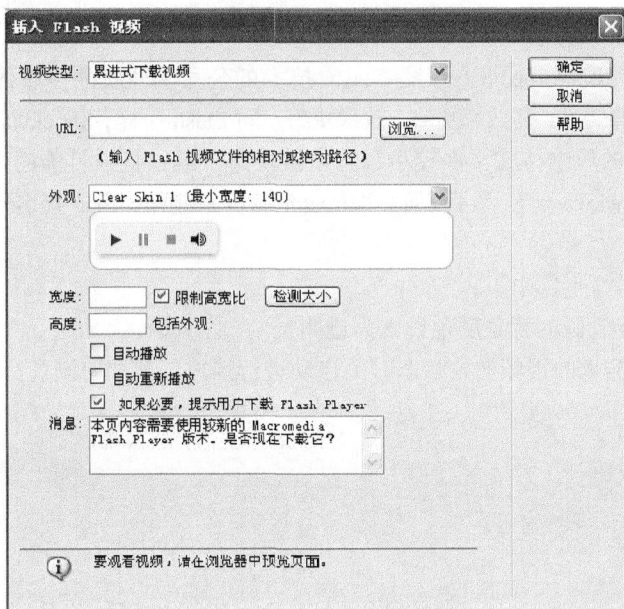

图 7-4　"插入 Flash 视频"对话框

（5）在"插入 Flash 视频"对话框的"视频类型"下拉列表中，选择视频的类型；在"URL"文本框中，输入或选择 Flash 视频文件的路径及名称；在"外观"下拉列表中，选择视频播放器的外观界面；在"宽度"和"高度"文本框中，输入视频画面的宽度和高度。选中"自动播放"复选框将在网页加载后即自动播放 Flash 视频，选中"自动重新播放"复选框将使 Flash 视频循环播放，单击"确定"按钮关闭对话框。插入的 Flash 视频并不会在设计视图中显示其内容，而是以 [图] 来表示，在浏览时就可看到插入的视频了。

（6）把光标定位在需插入 Shockwave 的位置，然后单击"插入"→"媒体"→"Shockwave"菜单命令；打开"选择文件"对话框，在对话框中选择要插入的 Shockwave 文件，单击"确定"按钮关闭对话框；插入的 Shockwave 文件并不会在设计视图中显示其内容，而是以 [图] 来表示，在浏览时就可看到插入的视频了。

（7）选定插入的 Shockwave 文件，打开如图 7-5 所示的"属性"面板对 Shockwave 文件进行属性设置。

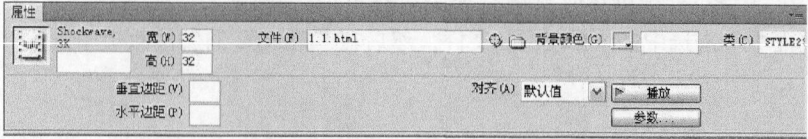

图 7-5 "Shockwave 文件"属性面板

4. 问题解答

（1）在 Dreamweaver CS5 中如何插入 FlashPaper？

Dreamweaver CS5 中取消了专门的插入 FlashPaper 命令，要插入 FlashPaper，可以先将文件使用相关软件制作成 Flash 动画，然后使用插入 Flash 文件的方式插入，在浏览时即可看到文档以 FlashPaper 方式呈现。

（2）什么是 Shockwave 影片？

Shockwave 是由 Macromedia（开发 Flash 技术的公司）开发的多媒体播放器系列。通过 Shockwave 播放和收看文件，其效率更高，效果更好。同 Flash 一样，Shockwave 也需要插件支持。

Shockwave 影片的压缩格式文件较小，可以被快速下载，且被目前的主流浏览器如 IE 和 Netscape 所支持。Shockwave 影片可以通过 Director 软件来制作，其扩展名常为.dcr。

5. 思考题

（1）如何将 Flash 动画的背景颜色设置为透明？
（2）如果要设置插入的视频初始状态时不自动进行播放，该如何设置？

实验 8
给文本和图像添加超级链接

1. 实验目的

（1）掌握超链接的基本概念和种类。

（2）熟练设置文本和图片超链接。

（3）熟练设置锚点超级链接和电子邮件链接。

2. 实验内容

某站点下有如下 4 个网页：index.html，depart.html，spec.html，stu.html。

（1）制作如图 8-1 所示首页效果图，图像显示在网页的中间，单击"系部简介"会在新的 IE 窗口打开 depart.html，单击"专业介绍"会打开 spec.html，单击"学生工作"会打开 stu.html，单击"与我联系"会发送电子邮件。

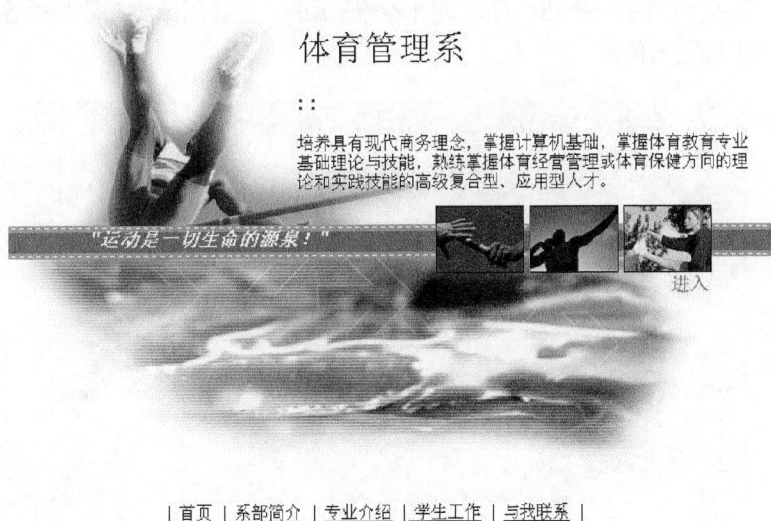

体育管理系

::

培养具有现代商务理念，掌握计算机基础，掌握体育教育专业基础理论与技能，熟练掌握体育经营管理或体育保健方向的理论和实践技能的高级复合型、应用型人才。

"运动是一切生命的源泉！"

进入

| 首页 | 系部简介 | 专业介绍 | 学生工作 | 与我联系 |

图 8-1　效果图

（2）spec.html 效果图如图 8-2 所示，图 8-2（a）是网页上半部分的效果图，图 8-2（b）是网页下半部分的效果图，单击"再看一遍"能返回到"专业介绍"，单击左下角的"首页"能够返回首页。

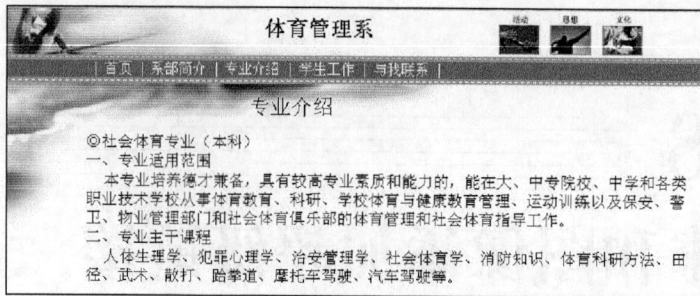

（a）spec.html 上半部分

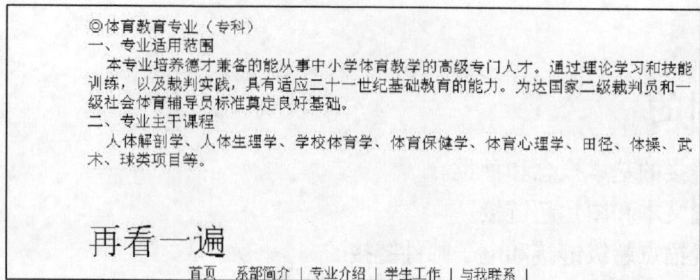

（b）spec.html 下半部分

图 8-2 spec.html 效果图

3. 实验步骤

（1）新建 4 个 HTML 文档，将其分别保存为 index.html、depart.html、spec.html、stu.html。

（2）将光标定位到要插入图像的位置，选择"插入"→"图像"菜单命令，或单击"插入"面板的"常用"选项卡中的 ▣·按钮，打开如图 8-3 所示的"选择图像源文件"对话框，将所选的图像插入到网页中指定的位置。

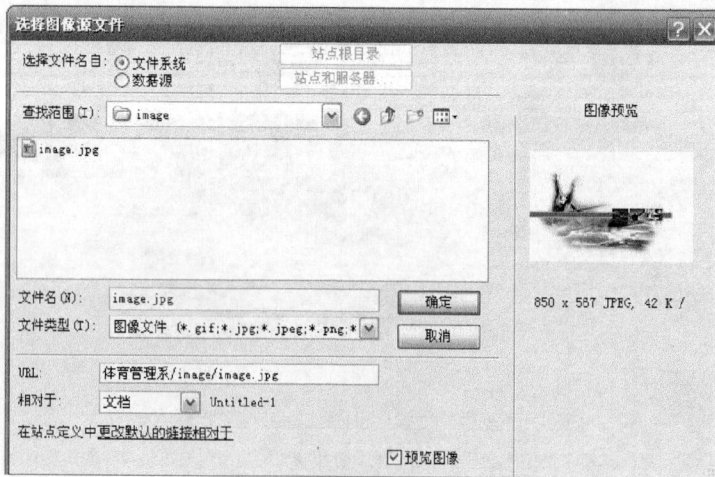

图 8-3 "选择图像源文件"对话框

（3）在文档中输入需要建立超链接的文本，选取要添加超链接的文本"系部简介"，在"属性"面板中将"链接"改为 depart.html，在"目标"下拉列表中选择"_blank"，如图 8-4 所示。

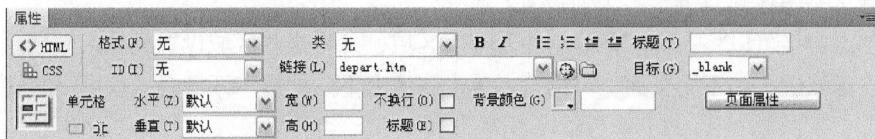

图 8-4　属性面板

（4）用同样的方法为其他内容设置相应的链接。

（5）选择要建立电子邮件链接的文本"与我联系"，单击"插入"面板的"常用"选项卡中的"插入电子邮件链接"按钮，打开"电子邮件链接"对话框，如图 8-5 所示。

（6）在"文本"文本框中输入显示在 Web 页面中的链接文本，如"与我联系"，在"E-Mail"文本框中输入要链接到的电子邮箱地址，如"csygold@163.com"，单击"确定"按钮。

（7）按"F12"键进行预览。

（8）打开已编辑好内容的"spec.html"页面，将插入点放在需要命名锚记的地方，如本例中"专业介绍"。

（9）选择"插入"→"命名锚记"菜单命令，在打开的"命名锚记"对话框的"锚记名称"文本框中，输入锚记名称，如"top"，并单击"确定"按钮，锚记标记出现在插入点处，如图 8-6 所示。

图 8-5　"电子邮件链接"对话框

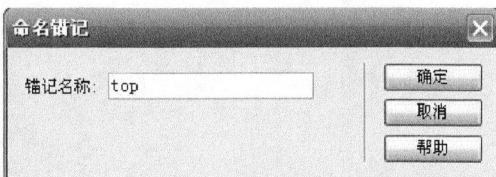

图 8-6　"命名锚记"对话框

（10）选择要创建命名锚记的文本或图像，如本例中的"再看一遍"，在属性面板的"链接"文本框中，输入符号"#"和锚记名称，如"#top"。

注意：若要链接到当前文档中名为"top"的锚记，则输入"#top"。若要链接到同一文件夹内其他文档中的名为"top"的锚记，则输入"index.html#top"形式的锚记引用。

（11）选中"首页"，打开"属性"面板，单击"链接"文本框后的 按钮，在打开的"选择新文件"对话框中选择要链接的文件，这里选择"index.html"（即首页），同时在"相对于"下拉列表中选择相应的"站点根目录"选项，单击"确定"按钮。

（12）按"F12"键，在 IE 浏览器中单击"再看一遍"链接，则返回到"专业介绍"（命名锚记处），单击"首页"链接，则打开 index.html。

4. 问题解答

（1）超级链接的"目标"有哪些？

_blank：将被链接文档加载到新的未命名浏览器窗口中。

_parent：将被链接文档加载到父框架集或包含该链接的框架窗口中。

_self：将被链接文档加载到与该链接文字相同的框架或窗口中。

_top：将被链接文档加载到整个浏览器窗口并删除所有框架。

（2）什么是图像热点链接？如何设置？

图像热点链接可以将一幅图像分割为若干个区域，并将这些区域设置成热点区域。可以将这些不同热点区域链接到不同页面，当浏览者单击图像上不同的热点区域时，就可以跳转到不同的页面。

方法：选中图像，单击"属性"面板中的"热点工具"按钮，绘制一个矩形热点，在"属性"面板中设置"链接"。

5. 思考题

（1）如何消除超级链接的下画线？

（2）超级链接如何链接到 internet 的网站上面？

（3）大家经常在网页上看到文字"加入收藏"，请问如何实现单击"加入收藏"将该网页加入到浏览器的收藏夹中？

实验 9
创建表单网页

1. 实验目的

（1）学会使用 Dreamweaver CS5 中应用表单设计网页的方法。

（2）全面掌握表单的创建、编辑、处理方法，以及各表单对象的功能、特点和用途（包括复选框、下拉列表框、按钮）的特点与使用方法。

2. 实验内容

（1）练习表单及表单对象在网页中的插入。

（2）表单对象的编辑练习。

（3）设计并制作人人网注册页面，如图 9-1 所示。

图 9-1　人人网注册效果图

3. 实验步骤

（1）创建一个空白网页。

（2）给网页添加背景图片"bg.png"，并设置页面标题为"人人网注册页面"。

（3）在页面中插入一个 3 行 1 列的表格，设置其宽度为"920 像素"，对齐方式为"居中对齐"。

（4）在第 1 行插入一个 1 行 3 列，宽度为"920 像素"的表格，设置第 1 个单元格的宽度为"124 像素"，第 2 个单元格的宽度为"400 像素"。

（5）在第 1 行的第 1 个单元格中插入图片"logo.jpg"，在第 2 个单元格输入"10 秒找到你所有朋友"，并设置单元格的对齐方式为"水平左对齐、垂直居中对齐"，在第 3 个单元格输入"已有人人账号，登录"，并设置单元格的对齐方式为"水平右对齐、垂直底部对齐"。

（6）在第 3 行输入"点击免费开通账号表示您同意并遵守人人网服务条款"，并设置单元格的对齐方式为"水平右对齐、垂直居中对齐"，如图 9-2 所示。

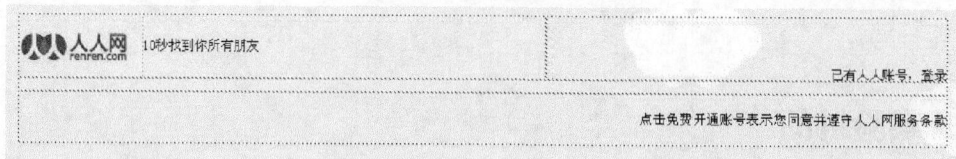

图 9-2　人人网注册页面（1）

（7）在第 2 行插入一个 1 行 2 列，宽度为"920 像素"的表格，设置第 2 个单元格的宽度为"281 像素"，并在其中插入图片"yc.jpg"；同时设置第 1 个单元格的对齐方式为"垂直顶端对齐"。

（8）在第 2 行第 1 个单元格中插入一个 11 行 5 列，宽度为"639 像素"的表格，设置第 1 个和第 5 个单元格的宽度为"25 像素"，第 2 个单元格的宽度为"100 像素"，如图 9-3 所示。

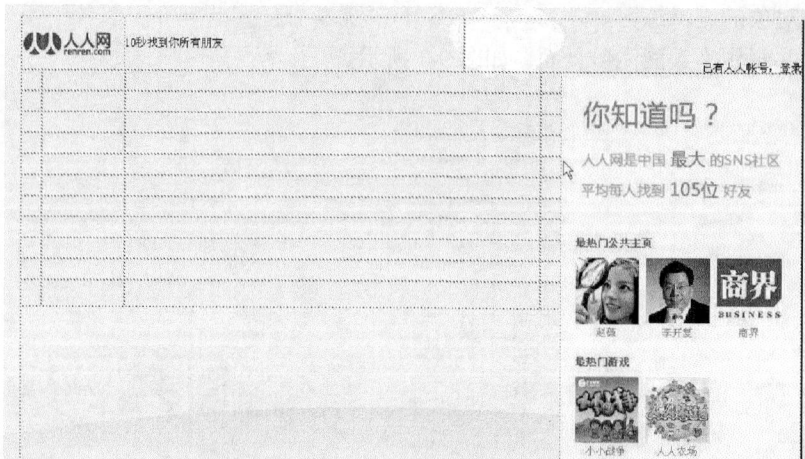

图 9-3　人人网注册页面（2）

（9）合并上述表格第 1 行第 2 列至第 4 列的单元格，并在其中输入"免费开通人人网账号"，并插入一个高度为"1 像素"的水平线。

（10）设置 11 行 5 列的表格的高度为"513 像素"，表格背景颜色为"白色"。

（11）在其余单元格中依次输入相关内容，并插入表单元素，在"注册邮箱"边上的单元格中插入一个文本框，选择"插入"→"表单对象"→"文本域"命令。同样在下面的"创建密码"、"真实姓名"和"验证码"边上的单元格中也分别插入一个文本框。选中一个文本框，参数的具体含义如下。

文本域：文本框的名字，对于本例，可分别取名如"注册邮箱"、"创建密码"、"真实姓名"

和"验证码"。

　　字符宽度：文本框显示在网页上的长度，本例中均采用默认值。

　　最大字符数：最多能输入的字符长度，本例中省略。

　　类型：共有 3 类，"Singleline"表示单行文本，"Multiline"表示多行文本，"Password"表示密码框，本例中仅有"创建密码"这一栏是密码框，其余均是单行文本。

　　（12）在"性别"边上的单元格中插入单选按钮，分别设置文本信息"男"、"女"。

　　（13）在"生日"和"我现在"边上的单元格中插入列表/菜单，分别设置其列表值，并设置初始值，同时输入文字信息。

　　（14）设置文字内容第 2 列的对齐方式为"水平右对齐"，如图 9-4 所示。

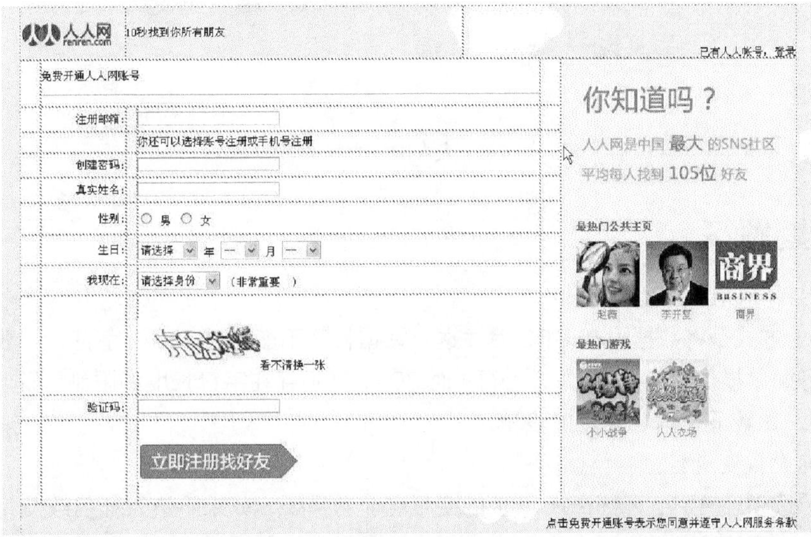

图 9-4　插入表单对象

　　（15）最后插入表单。首先剪切 11 行 5 列的表格，然后插入表单，如图 9-5 所示。

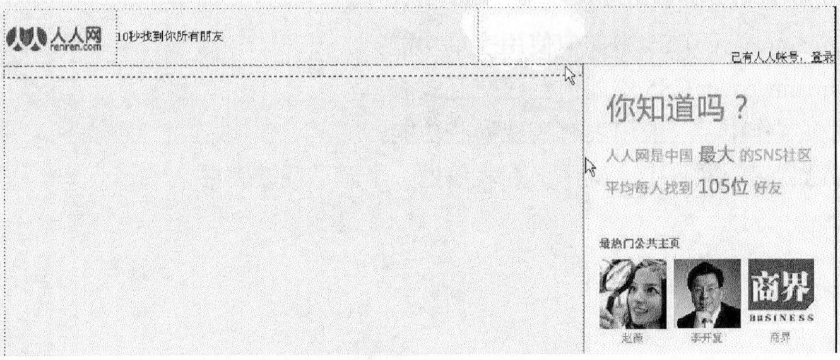

图 9-5　插入表单

　　（16）在表单中粘贴上述 11 行 5 列的表格，并单击表单周围的红色虚框。将"表单名称"设为 zc；"动作"表示表单提交后将由哪个程序来处理，在这里填入自己的 E-mail 地址，提交方法有"POST"和"GET"两种，默认为"POST"。

　　（17）最后设置各个对象的表现形式，完成设计与制作，如图 9-6 所示。

图9-6 人人网注册效果图

4. 问题解答

（1）POST 与 GET 的区别是什么？

一般 GET 方式是将数据附在 URL 后发送，数据长度不能超过 100 个字符，一般搜索引擎中查找关键词等简单操作通过 GET 方式进行；而 POST 则不存在字符长度的限制，而且不会把内容附在 URL 后，比较适合内容较多的表单。

（2）如何设置变量名？

在进行单选项设置时，Radio Button 的变量名非常重要，如果不进行任何改变，无论插入多少个单选项，也无论这些单选项分布在多少行中，它们中只能选择一个。如果在表单中还有另一个单选项目，则必须更改这个单选项目中 Radio Button 的变量名称。

5. 思考题

（1）在 Dreamweaver CS5 中如何使用表单功能？

（2）在 Dreamweaver CS5 中如何创建交互式表单？

（3）在网页制作中，一般用表单实现哪些功能？

（4）在自己创建的网页中，试用交互表单做一个意见反馈表单。

实验 10
AP 元素的应用

1. 实验目的

（1）掌握 AP 元素的基本操作与应用。
（2）掌握使用 AP 元素构建网页布局的方法。

2. 实验内容

（1）AP 元素的基本操作。
（2）利用 AP 元素定位网页中的元素。

3. 实验步骤

AP 元素的基本操作如下。

（1）创建普通 AP 元素。

① 插入 AP 元素。选择"插入"→"布局对象"→"AP 元素"命令，即可将 AP 元素插入到页面中去，如图 10-1 所示。

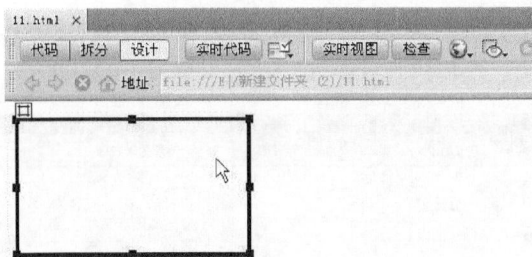

图 10-1　插入 AP 元素

② 拖放 AP 元素。选择快捷栏的"布局"选项，单击"绘制 AP 元素"按钮，单击鼠标左键，并且按住不放，拖动图标到文档窗口中，然后释放鼠标，这时 AP 元素就会出现在页面中。

（2）创建嵌套 AP 元素。

创建嵌套 AP 元素就是在一个 AP 元素内插入其他的 AP 元素。

方法一：将光标放在某 AP 元素内，选择"插入"→"布局对象"→"AP DIV"命令，即可在某 AP 元素内插入一个 AP 元素，如图 10-2 所示。

方法二：打开"AP 元素"面板，从中选择需要嵌套的 AP 元素，此时按住 Ctrl 键同时拖动该

AP 元素到另外一个 AP 元素上，直到出现如图 10-3 所示的图标后，释放 Ctrl 键和鼠标，这样普通 AP 元素即转换为嵌套 AP 元素。

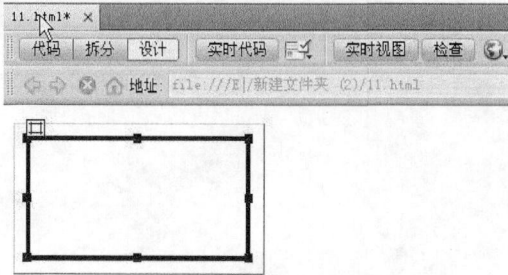

图 10-2　在某 AP 元素内插入一个 AP 元素

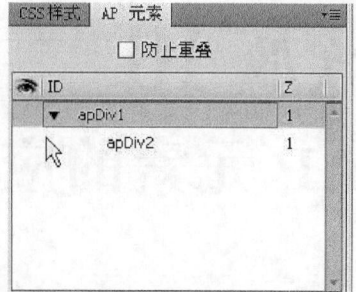

图 10-3　普通 AP 元素转换为嵌套 AP 元素

（3）设置 AP 元素的属性。

选中要设置的 AP 元素，可以在"属性"面板中设置 AP 元素的属性，如图 10-4 所示。

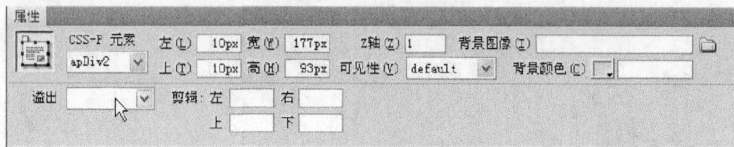

图 10-4　AP 元素的属性

利用 AP 元素定位网页中的元素，其操作步骤如下。

（1）创建一个空白网页，给网页添加背景颜色"#9999CC"，并设置页面标题为"利用 AP 元素定位网页中的元素"。

（2）在页面中插入一个 1 行 1 列的表格，设置其宽度为"500 像素"，高度为"400 像素"，对齐方式为"居中对齐"。

（3）在上述表格中插入图片"mils.jpg"。

（4）选定图片，插入一个 AP 元素 apDiv2，设置其相关属性 position 为"relative"，宽度为"200px"，高度为"150px"，左边距为"220px"，上边距为"–520px"，如图 10-5 所示。

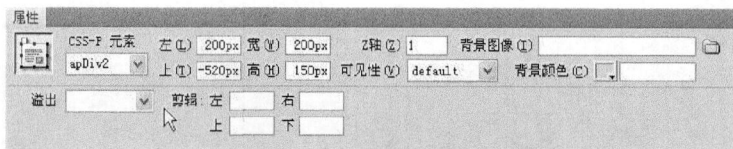

图 10-5　apDiv2 元素属性面板

（5）同上选定图片，插入一个 AP 元素 apDiv3，设置其相关属性 position 为"relative"，宽度为"200px"，高度为"115px"，左边距为"170px"，上边距为"–160px"，如图 10-6 所示。

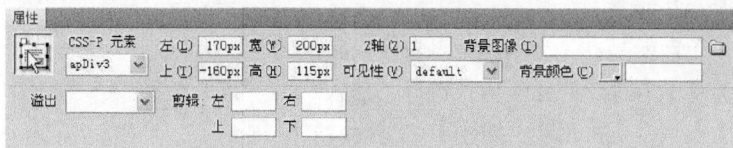

图 10-6　apDiv3 元素属性面板

（6）在 AP 元素 Layer1 中插入一个 2 行 1 列的表格，设置其宽度为"100%"，高度为"120像素"，并在每行输入相关内容"祝大家："、"新年快乐！！"。

（7）在 AP 元素 Layer2 中插入一个 1 行 1 列的表格，设置其宽度为"100%"，高度为"100像素"，单元格对齐方式为"居中对齐"，并在该行输入内容"米老鼠"，如图 10-7 所示。

图 10-7　效果图

4. 问题解答

（1）html 中关于 AP 元素的定位有哪几种？

● absolute 绝对定位。根据浏览器左上角定位，即无论控件在哪个位置都计算离浏览器左上角的距离。

● relative 相对定位。根据当前控件上的 AP 元素容器的左上角定位。

（2）在网页中使用 AP 元素技术，有什么优点呢？

● 定位精确。插入一个 AP 元素后，可以很方便地在属性栏中定出它的大小及在页面中的绝对坐标，并且 AP 元素与 AP 元素之间的定位也相当精确，几乎可以不通过属性栏，用肉眼观看就可以了。

● 插入自如。你想在页面的某处插入一段话或一幅图片，如果用表格来实现，会将表格拆分得乱七八糟，把自己弄得头昏脑胀，最后还可能因定位不好，而浏览器中的预览还不尽如人意；如果用 Layer 的话就方便多了，随便画一个 AP 元素，插入喜欢的东西，然后拖到你想安放的地方即可。

● 加速浏览。在网页制作的过程中，为了完成图片、文字之间的精确定位，往往将表格制作得很大，然后拆成各个单元格，在各个单元中插入图片或文字来实现。然而在 IE 中，一个表格只有完全被下载完后，才能显示其内容，如果这个表格很大，往往会让浏览者等上半天，然后突然蹦出一大版内容来，给人一种烦躁的感觉。用一块块 AP 元素来做，定位又精确，别人浏览你的网页时内容又是一块块地往外蹦，真是一举两得。

● 兼容性好。大家制作主页时可能遇到这样的问题，在 IE6 中浏览时好好的，可到了 IE8 中版面就一团糟；要么在 IE8 中浏览很好，在 IE6 中就变味了。如果用 AP 元素来排版就什么烦恼都没有了。

- 可叠加性。大家都知道表格是不能叠加的，而 AP 元素就不同了，如同它的名字一样，可一个 AP 元素一个 AP 元素地堆起来，并且后建的 AP 元素会覆盖先建的 AP 元素。利用这一特性，可以叠加出各种微妙的效果，如在各个 AP 元素中插入不同的图片，然后叠起来，感觉是不是有点像 Photoshop？AP 元素中还可以插入表格，将 AP 元素和表格综合起来利用，可以更好地来实现图文混排。

5. 思考题

（1）如何进行 AP 元素的绝对定位和相对定位？

（2）绝对定位和相对定位有何区别？哪个定位方法好？

（3）在网页中如何利用 AP 元素来实现对象的精确定位？

实验 11
框架的应用

1. 实验目的

（1）掌握框架网页的创建、选择、设置与应用。
（2）掌握框架结构网页的制作方法。
（3）掌握 iframe 标记以及各个属性。

2. 实验内容

（1）制作框架网页。
（2）制作浮动框架网页。

3. 实验步骤

3.1 制作框架网页

（1）建立框架和保存框架集。

① 选择"文件"→"新建"菜单命令，打开"新建文档"对话框。在对话框中"示例中的页"标签下选择"框架页"选项，然后在右边的"框架页"列表中选择"上方固定"选项，如图 11-1 所示。单击"创建"按钮创建框架网页。

② 选择"窗口"→"框架"菜单命令，打开框架控制面板。

③ 用鼠标单击框架控制面板中的下部分，选中 mainFrame 框架，如图 11-2 所示。

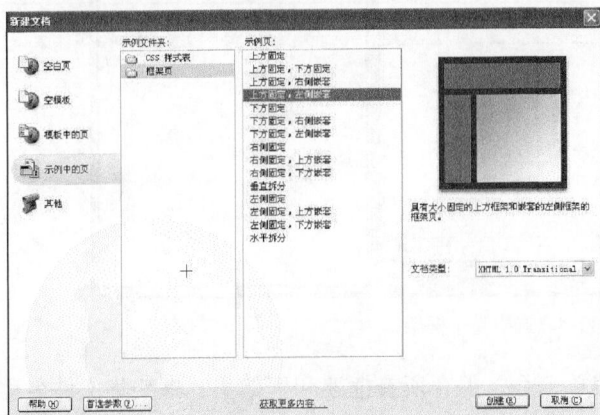

图 11-1　套用框架

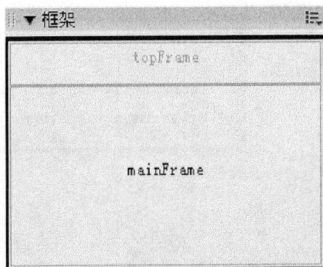

图 11-2　选择框架集的子框架

④ 将鼠标指针放在选中的边框上，使指针变成双向箭头，然后拖动鼠标将该框架分成左右两个子框架，命名左框架为"leftFrame"，如图 11-3 所示。

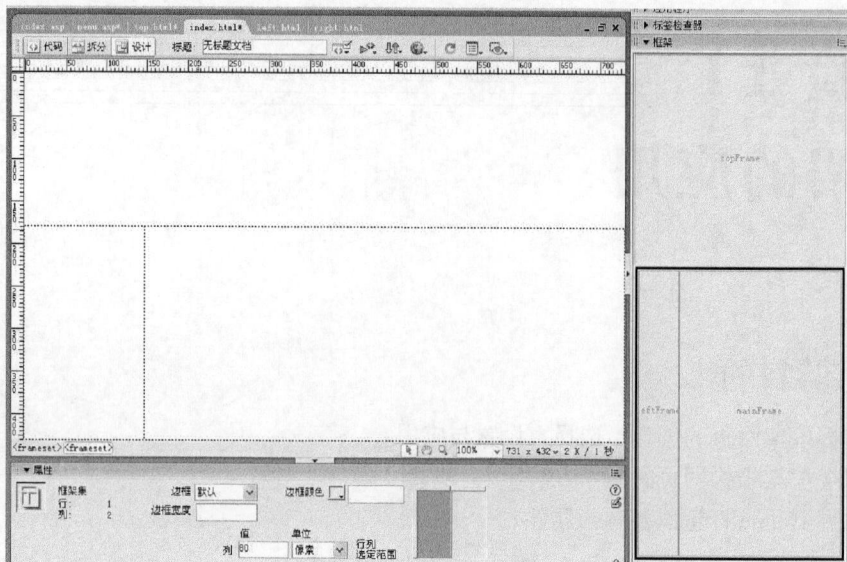

图 11-3　把主框架切分为子框架

⑤ 在框架编辑窗口中，单击顶部框架，选择"文件"→"保存框架"菜单命令，保存框架为top.html 页面。

⑥ 将光标停放到下部分框架的左边框架中，选择"文件"→"保存框架"菜单命令，保存框架为 left.html 页面。

⑦ 按同样的方法，将右边的框架保存为 right.html 页面。

⑧ 单击框架面板上最外层的边框，或单击页面编辑窗口中的最外层边框，使外框出现虚线，如图 11-4 所示。

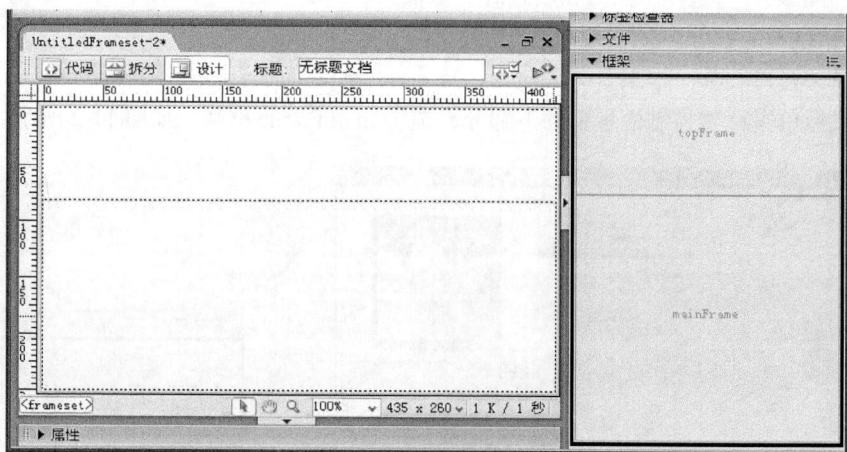

图 11-4　选中整个框架

⑨ 选择"文件"→"保存全部"菜单命令，保存所有框架和框架集，框架集文件名称为index.html，如图 11-5 所示。

图 11-5　保存框架集

（2）设置框架的属性。

① 单击框架面板上的 topFrame 框架，选中 top.html 网页。

② 打开属性面板，在属性面板上的"滚动"下拉菜单中选择"否"，然后勾选旁边的"不能调整大小"复选框；在"边界宽度"和"边界高度"的文本框中都输入 0，参数设置如图 11-6 所示。

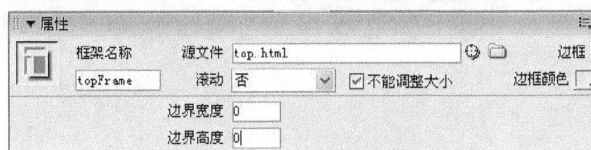

图 11-6　top 框架的属性设置

③ 依次单击框架面板上的 leftFrame 框架和 mainFrame 框架，选中 left.html 网页和 right.html，设置相同的框架参数。

（3）建立 top 框架网页。

① 单击 top 框架页面，在属性面板中单击"页面属性"按钮　页面属性...　。

② 打开"页面属性"对话框，在"左边框、右边框、上边框、下边框"各文本框中输入 0，使网页边距都为 0，单击"确定"按钮返回框架页 top.html 编辑窗口。

③ 插入一个 2 行 1 列，宽度为 100%，边距为 0，间距为 0，边框为 0 的表格。

④ 在第 1 行中插入图片"head.jpg"；设置第 2 行的高度为"35 像素"，背景图片为"bgcd.jpg"，同时在该行插入一个 1 行 8 列，宽度为 100% 的表格，在每个单元格依次输入相关内容，如图 11-7 所示。

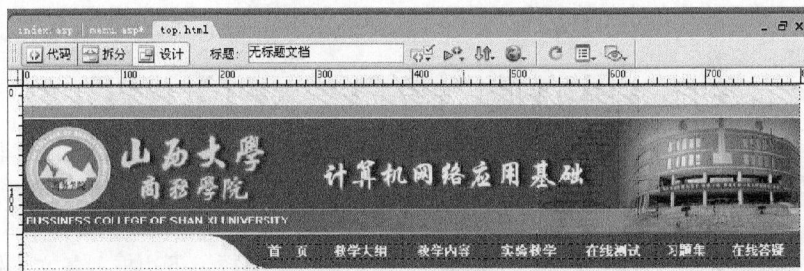

图 11-7　top 框架网页

⑤ 单击框架面板上的下部最外层边框，然后在属性面板的"行"文本框中输入"180"像素，如图 11-8 所示。

图 11-8　框架属性面板

⑥ 在内容输入完毕后，top 框架上的页面制作好了，此页就是 top.html，显示效果如图 11-9 所示。

图 11-9　top.html 完成页面

（4）建立 left 框架网页。

① 单击 left 框架页面，在属性面板中单击"页面属性"按钮 页面属性... 。

② 打开"页面属性"对话框，在"左边框、右边框、上边框、下边框"各文本框中输入 0，使网页边距都为 0，背景颜色为"#CCCCCC"，单击"确定"按钮返回框架页 left.htm 编辑窗口。

③ 插入一个 6 行 1 列，宽度为 100%，边距为 0，间距为 5，边框为 0 的表格。

④ 设置表格的背景颜色为"#FFFFFF"，单元格的背景为"#211511AD"，对齐方式为"居中对齐"，并在单元格中依次输入"电子教案"、"教学课件"、"教学视频"、"动画演示"、"模拟试卷"和"参考文献"。

⑤ 单击框架面板上的下部最外层边框，然后在属性面板中"列"文本框中输入"100"像素，left 框架上的页面制作好了，此页就是 left.html，显示效果如图 11-10 所示。

（5）建立 right 框架网页。

① 单击 right 框架页面，在属性面板中单击"页面属性"按钮 页面属性... 。

② 打开"页面属性"对话框，在"左边框、右边框、上边框、下边框"各文本框中输入 0，设置网页边距都为 0，背景颜色为"#CCCCCC"，单击"确定"按钮返回框架页 right.html 编辑

窗口。

图 11-10　left.html 完成页面

③ 插入一个 5 行 2 列，宽度为 100%，高度为"215 像素"，边距为 0，间距为 0，边框为 0 的表格。

④ 在表格单元格中依次输入相关内容，right 框架上的页面制作好了，此页就是 right.html，显示效果如图 11-11 所示。

图 11-11　right.html

（6）建立相关的框架网页。

将鼠标指针放在 right.html 页面中，选择"文件"→"框架另存为"菜单命令，把 right.html 另存为网页 dzja.html，然后将页面中的内容删除，添加新的内容。依次制作"电子教案"、"教学课件"、"教学视频"、"动画演示"、"模拟试卷"、"参考文献"的框架页面。

（7）设置框架的连接。

① 选中左边框架上的"电子教案"文字，打开属性面板，单击"链接"文本框后面的按钮，选择 dzja.html 页面，然后在"目标"下拉菜单中选择 mainFrame。

② 按同样的方法，选中"教学课件"、"教学视频"、"动画演示"、"模拟试卷"、"参考文献"

链接到相应的网页，在"目标"下拉菜单中选择 mainFrame。

③ 超链接设置完成后，选择"文件"→"保存全部"菜单命令，按 F12 键浏览网页。

3.2　制作浮动框架网页

① 制作实验 1 的网页，如图 11-12 所示。

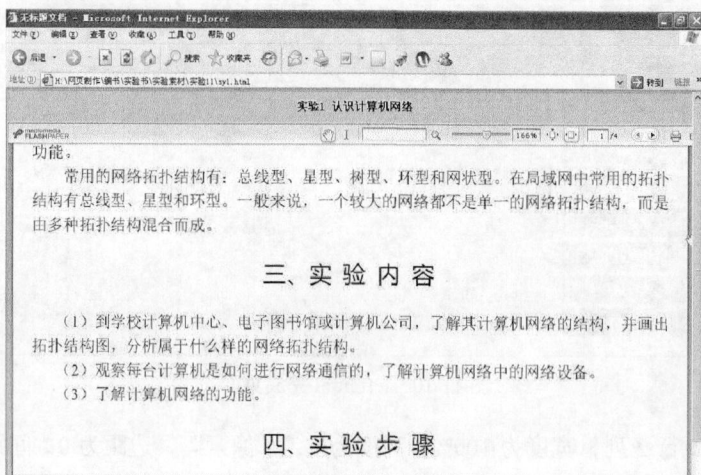

图 11-12　实验 1 网页效果

② 建立实验教学的框架网页 syjx.html，在该框架中利用<iframe>标记将上述网页嵌入到 syjx.html 中，并设置浮动框架的宽度为 100%，高度为"600 像素"，如图 11-13 所示。

图 11-13　浮动框架网页效果

4.　问题解答

（1）框架网页建立后，如何修改？

在框架中单击鼠标右键，在快捷菜单中选择"框架属性"命令，在"框架属性"对话框中设置框架大小、边距及其他选项。在"框架"菜单中还可拆分框架、删除框架，注意删除框架只是删除了框架网页中的某一框架，并没有删除框架中显示的网页。

（2）有很多网站建设者不建议采用框架来制作网页，为什么呢？

在一些关于搜索引擎优化方面的文章中，基本上都认为网站用框架来设计是极不可取的。这是由于大多数搜索引擎都无法识别网页中的框架，或者无法对框架中的内容进行遍历或搜索。

（3）为什么使用框架的网页无法被正确索引？

在一个框架网页的后台代码中，我们一般能够看到的是网页的标题标记（Meta Title）、描述标记（Meta Description）、关键字标记（Meta Keywords）及其他原标记（Meta Tags），同时还会看到一个框架集标记（Frameset Tag）。框架中的内容在后台代码中是无法被体现的，而对于那些主要搜索引擎的搜索程序来说，如 Google 的 GoogleBot 和 Freshbot，其设计思路都是完全忽略某些 HTML 代码，转而直接锁定网页上的实际内容进行索引。这样一来，网络蜘蛛在那些一般性的框架网页上根本找不到要搜索的内容。这是由于那些具体内容都被放到我们称之为"内部网页"中去了。

5. 思考题

（1）什么是框架型网页？

（2）创建框架网页后，网页视图下增加的"无框架"选项卡有什么作用？

（3）浮动框架是否可以实现自适应页面？

1. 实验目的

（1）了解行为、事件与动作的概念。

（2）学会利用行为面板设置控制对象的行为。

（3）利用系统提供的主要行为，设置网页对象的行为，从而实现交互式网页的设计。

（4）学会下载、安装并使用第三方行为。

2. 实验内容

（1）熟悉行为面板。

（2）各种 Dreamweaver CS5 内置行为练习，行为和事件的类型。

（3）弹出欢迎信息，跳转页面，播放声音，导航条的制作。

（4）应用行为技巧实例，翻滚图，动态图片说明。

3. 实验步骤

（1）"行为"面板。

选择"窗口"菜单下的"行为"命令，打开 "行为"面板，如图 12-1 所示。

在"行为"面板上可以进行如下操作。

● 单击"+"按钮，打开动作菜单，添加行为；单击"-"按钮，删除行为。

● 添加行为时，从动作菜单中选择一个行为项。

● 单击事件列右方的三角，打开事件菜单，可以选择事件。

● 单击向上箭头或向下箭头，可将动作项向前移或向后移，改变动作执行的顺序。

（2）创建一个"交互图像"。

要求当鼠标悬在图像上时变换成另一幅图像，当鼠标单击时打开第三幅图像，如图 12-2 所示。

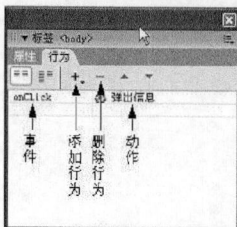

图 12-1 "行为"面板

图 12-2 "交互图像"效果图

（3）打开浏览器窗口。

一般创建行为有 3 个步骤：选择对象→添加动作→调整事件。

下面通过一个"打开浏览器窗口"实例说明如何创建行为。我们需要的效果是，在网页上单击一幅小图像，打开一个新窗口显示放大的图像。

① 打开实验 14\syjx.html，选中 head1.jpg。

② 单击行为面板上的"+"按钮，打开动作菜单。从动作菜单中选择"打开浏览器"命令，在弹出的对话框中设置参数。

在"要显示的 URL"文本框后，单击"浏览"按钮，选择要在新窗口中载入的目标的 URL 地址（可以是网页也可以是图像）。

将窗口宽度设为 400 像素，窗口高度设为 300 像素。

窗口名称设置为"放大图片"。

③ 当添加行为时，系统自动为选择了事件 onClick（单击鼠标），单击"行为"面板上的事件菜单按钮，打开事件菜单，重新选择一个触发行为的事件，把 onClick（单击鼠标）的事件改为 onMouseOver（鼠标滑过），如图 12-3 所示。

④ 按 F12 键预览打开新窗口的效果。

（4）弹出欢迎信息。

① 新建一个空白的网页。

② 选定"body"标记，单击行为面板上的"+"按钮，打开动作菜单。从动作菜单中选择"弹出信息"命令，在弹出的对话框中设置信息"欢迎大家的访问!!!"，如图 12-4 所示。

图 12-3　事件菜单

图 12-4　弹出欢迎信息

（5）导航条的制作。

① 打开实验 14\syjx.html，选中菜单"实验队伍"，并设置空链接。

② 单击行为面板上的"+"按钮，打开动作菜单。从动作菜单中选择"弹出式菜单"命令，在弹出的对话框中设置参数，如图 12-5 所示。

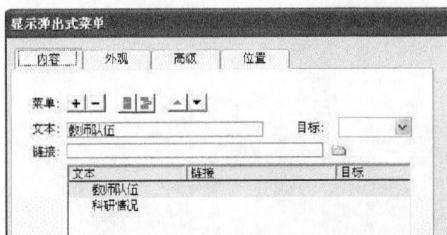

图 12-5　"弹出式菜单"对话框

③ 依次设置弹出式菜单的"外观"、"位置"和"高级"属性，即可完成制作，效果如图 12-6 所示。

图 12-6　弹出式菜单效果图

4. 问题解答

什么是"行为"?

网页行为在网页中是比较多见的，如弹出窗口、鼠标移上去图片切换等，当发生某事件时执行某动作的过程叫做行为，行为是事件和动作的组合。例如，打开网页时，打开对话框这个行为中打开网页（onload）是事件，打开对话框是动作。

5. 思考题

（1）<body>标签的事件包括哪些?

（2）应用行为动作之后，浏览器会出现阻止的信息，如何解决?

（3）如果希望在一个网页关闭时，自动打开另外一个网页，应该如何操作?

（4）如何将其他的行为动作运用到自己的网页中?

实验 13
HTML

1. 实验目的

（1）掌握<head></head>的<title>标记和<meta>标记。

（2）掌握使用<body>标记设置网页背景颜色和文本颜色。

（3）掌握使用<font>标记设置文字的属性。

（4）掌握在网页中插入背景图片。

（5）掌握在网页中插入水平线，并设置水平线的属性。

（6）掌握给各种对象添加超链接。

（7）掌握在网页中插入背景音乐。

2. 实验内容

（1）制作一个简单的网页 13-1.htm，用记事本编辑，内容为"课程简介"信息，如图 13-1 所示。

要求：

• 搜索关键字为"网页设计"、"网站建设"、"课程信息"，标题为"网页设计与网站建设课程网站"。

• 网页背景为"#660000"，文本颜色为"白色"，标题加粗，文本需分段表示。

• 在"课程简介"标题和正文中间插入一条水平线，其颜色设置为"#FFFF00"。

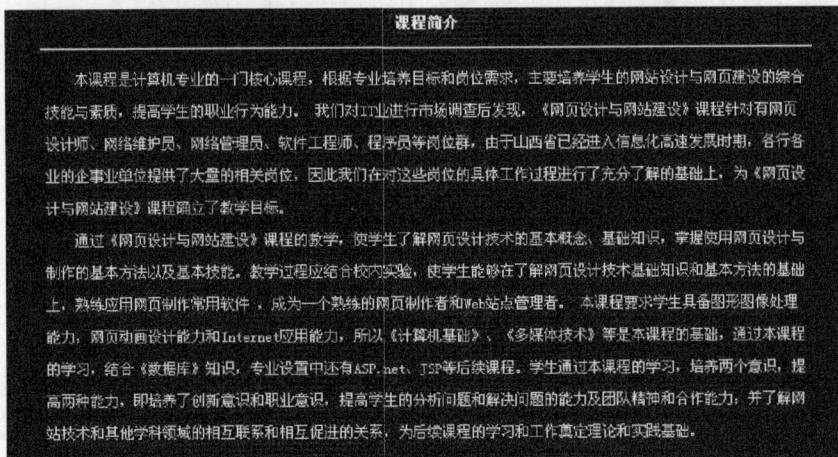

图 13-1 课程简介

（2）通过记事本编辑网页 13-2.htm，添加背景图片"bg.jpg"，实现如图 13-2 所示的效果。

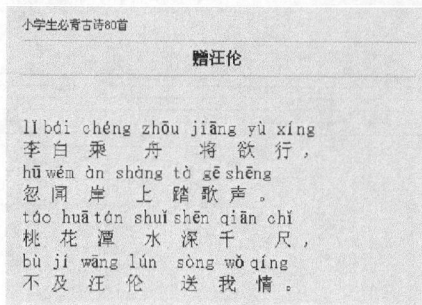

图 13-2　赠汪伦（1）

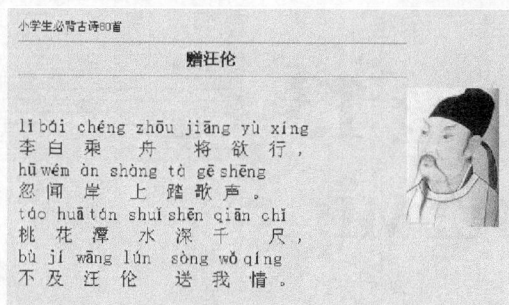

图 13-3　赠汪伦（2）

（3）通过记事本编辑网页 13-2.htm，在上面的基础上插入图片"lb.jpg"，并添加替换文本信息"李白"。

（4）通过记事本编辑网页 13-2.htm，插入背景音乐"xl.mid"。

（5）通过记事本编辑网页 13-2.htm，给"李白"图片添加超链接，链接到 http://www.chinalibai.com/，目标方式为"-blank"。

（6）通过记事本编辑前面的"秋天的思念"网页。

4.　问题解答

（1）什么是 HTML？

HTML（Hyper Text Mark-up Language）即超文本标记语言或称超文本链接标示语言，是目前网络上应用最为广泛的语言，也是构成网页文档的主要语言。HTML 文本是由 HTML 命令组成的描述性文本，HTML 命令可以说明文字、图形、动画、声音、表格、链接等。HTML 的结构包括头部（Head）和主体（Body）两大部分，其中头部描述浏览器所需的信息，而主体则包含所要说明的具体内容。

（2）HTML 有什么特点和好处？

HTML 文档制作不是很复杂，且功能强大，支持不同数据格式的文件镶入，这也是 WWW 盛行的原因之一，其主要特点如下。

- 简易性。HTML 版本升级采用超集方式，从而更加灵活方便。
- 可扩展性。HTML 的广泛应用带来了加强功能，增加标识符等要求，HTML 采取子类元素的方式，为系统扩展带来保证。
- 平台无关性。虽然 PC 大行其道，但使用 MAC 等其他机器的大有人在，HTML 可以使用在广泛的平台上，这也是 WWW 盛行的另一个原因。

（3）什么是 XHTML？

XHTML 中的 X 是可扩展的意思，XHTML 就是可扩展的超文本标记语言，它比 HTML 有更严格的要求。如果说 HTML 是汉语，那么 XHTML 就是标准普通话。对于现在才刚刚开始学习网页设计的读者，直接学习 XHTML 是最佳的选择。事实上 XHTML 也属于 HTML 家族，并且它是基于 XML 的，对比以前各个版本的 HTML，它具有更严格的书写标准、更好的跨平台能力。由于某些需要，XHTML 将以前版本的 HTML 能够实现的一些功能交给了 CSS，这意味着读者将需要学习两种技术，但这确实是 Web 未来发展的潮流。

5. 思考题

（1）HTML 文档是否具有固定的结构？它由哪几部分构成？

（2）网页头部可以包含哪些元素？

（3）网页内容在 HTML 文档的哪个部分定义？

（4）HTML 文档的扩展名有哪些？

1. 实验目的

（1）掌握在网页上应用 CSS 的方法。

（2）掌握 CSS 的基本语法规则。

（3）掌握 CSS 的常用选择器。

（4）掌握使用 Dreamweaver CS5 定义 CSS 的方法。

2. 实验内容

定义"网络与信息安全实验教学中心"网站首页的样式，如图 14-1 所示。

图 14-1　首页效果图

3. 实验步骤

（1）创建"网络与信息安全实验教学中心"站点。

① 将"实验 14"文件夹中的 syjx 文件夹复制到 D 盘。

② 启动 Dreamweaver CS5，使用"站点"→"新建站点"命令创建"网络与信息安全实验教学中心"站点，并指定 syjx 文件夹为"网络与信息安全实验教学中心"站点的本地根文件夹。

（2）定义"首页"的 CSS 样式。

① 在 Dreamweaver CSS 中打开 index.html 文件。

② 选择"文件"→"新建"命令，新建 CSS 文件，保存在 syjx 文件夹中，命名为 css.css。

③ 将文档窗口切换到 index.html，单击 CSS 面板上的"附加样式表"按钮，将 css.css 作为外部样式表链接到 index.html，如图 14-2 所示。

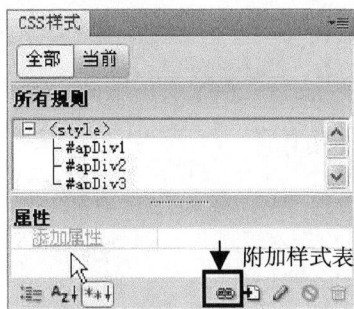

图 14-2　CSS 样式面板

③ 在 css.css 文件中定义首页的样式。

```
body{ background:#f6fafd}          /*主体背景颜色*/
a{ font-family:"宋体";             /*字体*/（文本样式）
  font-size:15px;                  /*文字大小*/
  color:#FFFFFF;                   /*白色*/
  text-decoration:none;            /*无下画线*/
  }
.menu{font-weight:bold;}           /*加粗*/（导航菜单样式）
.new_title{                 （标题样式）
      font-family: "宋体";
      font-size: 14px;
      font-style: normal;
      color: #FFFFFF;
      font-weight: bold;
     }
.nr a{                      （内容文本样式）
    font-family: "宋体";
    font-size: 13px;
    font-style: normal;
    color:#000000;
    line-height: 25px;
  text-decoration:none;
   }
.table1{border: #CECECE 1px solid;     /*边框样式*/  （表格样式）
     background-color:#E7F2F6;          /*背景颜色*/
     }
.bq { font-family: "宋体";          （版权样式）
   font-size: 13px;
```

```
    color: #CCCCCC;
}
```

4. 问题解答

（1）什么是 CSS?

CSS 是 Cascading Style Sheet 的缩写，译作"层叠样式表单"，是用于（增强）控制网页样式并允许将样式信息与网页内容分离的一种标记性语言。

（2）CSS 选择器有哪几种？

从 CSS 语法上说，有 3 种常用的选择器，分别是标签选择器、ID 选择器和类选择器。

5. 思考题

（1）如何将 CSS 样式应用到网页中？

（2）如何定义 CSS 选择器？

（3）如何选择不同的 CSS 选择器？

（4）CSS 是如何来控制链接样式的？

实验 15
使用 CSS 美化网页

1. 实验目的

（1）掌握 CSS 不同选择器在网页中的使用方法。

（2）掌握在网页上应用 CSS 的方法。

2. 实验内容

利用 CSS 对"网络与信息安全实验教学中心"网站首页进行美工设计，效果如图 15-1 所示。

图 15-1　首页效果图

3. 实验步骤

（1）创建"网络与信息安全实验教学中心"站点。

① 将"实验 14"文件夹中的 syjx 文件夹复制到 D 盘。

② 启动 Dreamweaver CS5，使用"站点"→"新建站点"命令创建"网络与信息安全实验教学中心"站点，并指定 syjx 文件夹为"网络与信息安全实验教学中心"站点的本地根文件夹。

（2）链接"首页"的CSS样式。

① 将实验14中定义好的网站首页的样式链接到首页，在"CSS样式"面板中选择附加样式表按钮，如图15-2所示。

② 打开"链接外部样式表"对话框，选择已经定义好的CSS样式，如图15-3所示。

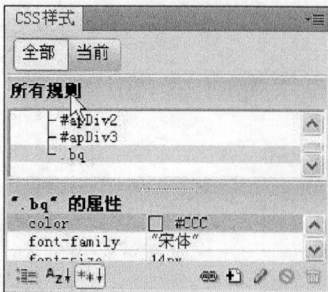

图15-2　"CSS样式"面板

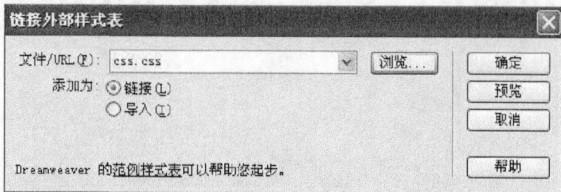

图15-3　"链接外部样式表"对话框

③ 在<head>区域添加<link>标签，通过设置其属性来链接外部样式表，代码如下所示：

```
<link href="css.css" rel="stylesheet" type="text/css" />
```

（3）应用CSS样式表中的相关样式。

① 导航样式。选中导航菜单中的文字，在"属性"面板上选择样式中的"menu"样式，如图15-4所示。

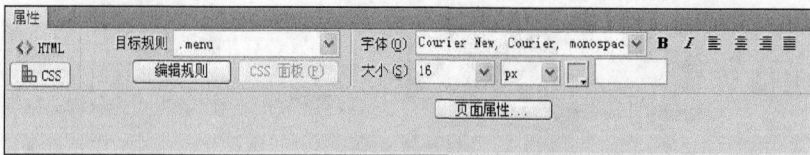

图15-4　CSS菜单样式

② 标题样式。选中每个模块的标题文字，在"属性"面板上选择样式中的"new_title"样式，如图15-5所示。

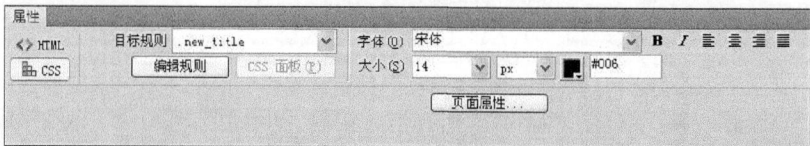

图15-5　CSS标题样式

③ 正文样式。选中每个模块的标题文字，在"属性"面板上选择样式中的"nr"样式，如图15-6所示。

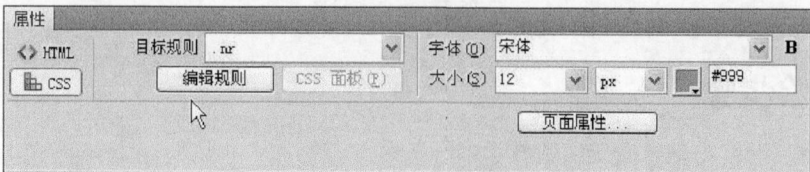

图15-6　CSS正文样式

④ 表格样式。选中相应的布局表格，在"属性"面板上选择样式中的"table1"样式，如图

15-7 所示。

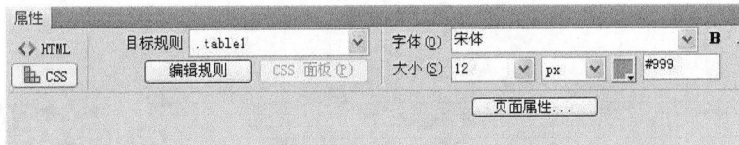

图 15-7　CSS 表格样式

⑤ 版权信息栏样式。选中相应的布局表格，在"属性"面板上选择样式中的"bq"样式，如图 15-8 所示。

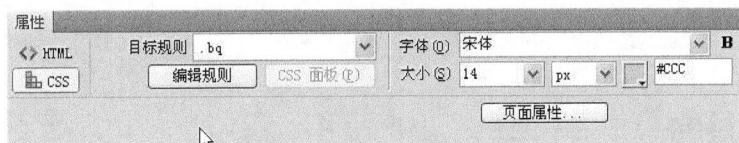

图 15-8　CSS 版权信息栏样式

4. 问题解答

（1）使用样式表有哪几种方法？

使用样式表有 4 种方法，每种方法都有其不同的优点。

① 将样式表植入 HTML 文件中。

② 将一个外部样式表链接到 HTML 文件上。

③ 将一个外部样式表输入到 HTML 文件中。

④ 将样式表加入到 HTML 文件行中。

（2）CSS 的主要用途是什么？

在网页制作时采用 CSS 技术，可以有效地对页面的布局、字体、颜色、背景和其他效果实现更加精确的控制。只要对相应的代码做一些简单的修改，就可以改变同一页面的不同部分，或者页数不同的网页的外观和格式。

CSS 具有以下作用。

① 在几乎所有的浏览器上都可以使用。

② 以前一些必须通过图片转换实现的功能，现在只要用 CSS 就可以轻松实现，从而更快地下载页面。

③ 使页面的字体变得更漂亮，更容易编排，使页面更加赏心悦目。

④ 可以轻松地控制页面的布局。

⑤ 可以将站点上所有的网页风格都使用一个 CSS 文件进行控制，只要修改这个 CSS 文件中相应的行，整个站点的所有页面都会随之发生变动。

5. 思考题

（1）如何应用不同的 CSS 选择器？

（2）CSS 中对段落控制的样式有哪些？

（3）链接外部 CSS 样式文件的方法有哪些？

（4）CSS 中的伪类是什么，有何用处？

实验 16
VBScript 基础

1. 实验目的

（1）了解 VBScript 语言的基础知识。

（2）掌握 VBScript 的数据类型、常量和变量的使用。

（3）了解 VBScript 的运算符及运算规则，学会正确使用表达式。

（4）掌握如何在网页中加入 VBScript 代码。

2. 实验内容

（1）在 HTML 页面中使用 VBScript。

① 编辑下面的程序，观察 VBScript 程序代码在 HTML 文件中的位置，保存并运行。程序代码如下：

```
<HTML>
<HEAD>
<TITLE> 在 HTML 页面中使用 VBScript </TITLE>
</HEAD>
<SCRIPT LANGUAGE="VBScript">
FUNCTION Fun()
  Alert "这是第一个范例程序"
END FUNCTION
</SCRIPT>
<FORM>
 <INPUT TYPE="BUTTON" NAME="Abutton"
    VALUE="请按我" onclick="Fun()">
</FORM>
</HTML>
```

提示：

VBScript 不能用来编写单独的应用程序，它必须嵌入到 HTML 页面中去。大部分 VBScript 利用<SCRIPT>及</SCRIPT>两个标记来标识 VBScript 的程序。

② Function 的应用。

在执行程序的时候，VBscript 程序又分成两种：一种是读取完 HTML 文件后，浏览器会立即开始执行；另一种则是把程序代码写成一个函数（Function），等待某一个事件（Event）发生后才会去执行。

提示：事件这个名词在面向对象的程序语言中常常出现，当某一个对象（Object）发生改变时，如在网页上有一个按钮，这个按钮就是一个对象，当有使用者单击这个按钮的时候，就会发生按钮的单击事件，程序就会执行相应的事件代码。

编辑并运行下面的程序，说明写在函数之外的程序代码与写在函数之中的程序代码在执行的时候有什么差别。

程序代码如下：

```
<HTML>
<HEAD>
<TITLE>Function 的应用</TITLE>
<SCRIPT LANGUAGE="VBSCRIPT">
  MyInt = 1
  '下一行会在 HTML 文件下载的时候执行
  ALERT MyInt
  FUNCTION FUN()
    MyInt = 2
    '下一行会在使用者单击"输出"按钮的时候执行
    ALERT MyInt
  END FUNCTION
</SCRIPT>
</HEAD>
<FORM>
<INPUT TYPE="BUTTON" VALUE="输出" NAME="Press"
 OnClick="FUN()">
</FORM>
</HTML>
```

（2）熟记 VBScript 的数据类型名称和拼写。

了解 VBScript 支持的数据类型（Variant）和在 VBScript 识别过程中的数据子类型（Subtypes），熟记下列类型名称：

Empty（空类型）、Null（无效类型）、Boolean（布尔类型）、Byte（字节类型）、Integer（整数类型）、Currency（货币类型）、Long（长整数类型）、Single（单精度浮点类型）、Double（双精度浮点类型）、Date（Time）（日期类型）、String（字符串类型）、Object（对象类型）、Error（错误编号类型）、Variant（变体型）。

（3）变量的使用。

① Option Explicit。

VBScript 不必事先声明变量就可以直接使用，但为了降低程序出错的可能性，一般会在程序代码的第 1 行加上 Option Explicit 语句声明变量。

编辑下面的程序并运行，如果把程序中的 Dim MyInt 语句去掉，执行结果又会怎样？

```
<HTML>
<HEAD>
<TITLE>Option Explicit 的功能</TITLE>
<SCRIPT LANGUAGE="VBSCRIPT">
  Option Explicit
  Dim MyInt
  MyInt=100
  FUNCTION FUN()
    MsgBox MyInt
```

```
    END FUNCTION
    </SCRIPT>
    </HEAD>
    <FORM>
<INPUT TYPE="BUTTON" NAME="Press"
 VALUE="输出" OnClick="FUN()">
    </FORM>
    </HTML>
```

② 变量的作用域。

在 VBScript 的程序代码中，通常会含有一个以上的函数，而在声明变量的时候就必须考虑到变量的区域性。先看下面的程序：

```
<HTML>
<HEAD>
<TITLE>变量的视野</TITLE>
<SCRIPT LANGUAGE="VBSCRIPT">
 Dim MyVar                    ' （1）声明全局变量
 MyVar = "全局变量"
 FUNCTION FUN()
   Dim MyVar                  ' （2）声明局部变量
   MyVar = "局部变量"
   ALERT MyVar
 END FUNCTION
 FUNCTION FUN1()
   ALERT MyVar
 END FUNCTION
</SCRIPT>
</HEAD>
<CENTER><FONT Color=Red Size=5>
全局变量与局部变量
</FONT></CENTER>
<FORM>
<INPUT TYPE="BUTTON" VALUE="输出局部变量"
OnClick="FUN()"><BR><BR>
<INPUT TYPE="BUTTON" VALUE="输出全局变量"
OnClick="FUN1()">
</FORM>
</HTML>
```

提示：

在上面的程序中，语句（1）声明了一个叫做 MyVar 的变量，并赋予它"全局变量"的变量值，由于是在所有函数（Function）之外声明，这个变量被称为全局变量。也就是说，在<SCRIPT>与</SCRIPT>标记中包含的所有函数都可以使用这个变量。相对于全局变量而言的局部变量只能在特定的函数中使用，而在特定函数之外的程序代码都无法使用到这个变量。

编辑并运行上面的程序，分析程序执行的结果。

（4）运算符与表达式。

练习各个运算符的用法，掌握它们的运算规则，学会正确书写和使用表达式。

3. 问题解答

（1）VBScript 的程序代码是否必须放在<HEAD>及</HEAD>标记之中？

这并不是一个强制的规定，就算是把程序代码放在 HTML 文件的其他地方，VBScript 程序还是可以正确无误地执行。例如，也可以把 VBScript 的程序代码放在整个 HTML 文件的最末端，也就是</HTML>标记的后面。

（2）为什么要在语句的前面加单引号？

在程序中，有些代码行的第一个字符是一个单引号（'），它代表单引号后面的字符都是批注。我们将该语句称为"注释语句"，注释语句是非执行代码。除了用单引号给程序加注释外，还可以用 Rem 语句。

（3）既然 VBScript 的变量可以不必声明直接使用，为什么要多一个步骤来声明它呢？

如果我们写的程序不是很长，程序中错误的地方很容易就可以检查出来，但是如果程序代码很长，光凭肉眼很难查出程序中的小错误。因此，为了降低程序出错的可能性，一般会在程序代码的第 1 行加上 Option Explicit 语句，要求先声明再使用变量。

4.　思考题

（1）变量的声明有哪些限制？

（2）全局变量与局部变量有什么区别？

（3）Option Explicit 语句的作用是什么？

VBScript 的语句和过程

1. 实验目的

（1）熟练掌握选择语句的用法。

（2）熟练掌握循环语句的用法。

（3）掌握 Sub 过程和 Function 过程的声明方法和调用方法。

2. 实验内容

（1）选择语句。

① 练习 If 语句的 4 种形式。

• 单行形式的 If…Then…语句。

• 块形式的 If…Then…语句。

• 单行形式的 If…Then…Else…语句。

• 块形式的 If…Then…Else…语句。

② 掌握 If 语句的嵌套使用。

③ 练习 Select Case 语句的用法。

④ 编写"猜数字"游戏。

首先，在页面上创建一个文本框和两个命令按钮："开始"和"猜数字"。"猜数字"游戏页面如图 17-1 所示。

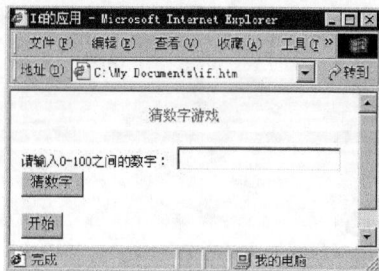

图 17-1 "猜数字"游戏

在页面上使用到的控件的类型、名称和初始值如表 17-1 所示。

表 17-1   页面上的控件

类　　型	名　　称	初　始　值
文本框	Num	
按钮	Press1	猜数字
按钮	Press2	开始

然后，在 HTML 页面中加入如下 VBScript 代码：

```
<SCRIPT LANGUAGE="VBSCRIPT">
  Dim intN
  Dim intNum
  Function FUN()
```

```
    Dim intEnter
    intN=intN+1
    intEnter=Cint(Document.ThisForm.Num.Value)
    If intEnter > intNum then
        Alert "你猜大了，再试一次吧！"
    Else
        If intEnter < intNum then
            Alert "你猜小了，再试一次吧！"
        Else
            Alert "恭喜，你猜对了!共用了" & CStr(intN) & "次。按"开始"再来一局吧"
        End If
    End If
 End Function
 Function Begin()
   Randomize
   intNum = int(Rnd * 100)
   intN=0
 End Function
</SCRIPT>
```

⑤ 使用 Select Case 语句改写上面的"猜数字"游戏。

提示：

注意比较两种方法的异同，特别注意 Select Case 语句中"条件表达式"的书写。

（2）循环语句。

① 掌握 Do…Loop 循环语句的 4 种形式及用法。

- 第 1 种形式：Do While…Loop。
- 第 2 种形式：Do…Loop While。
- 第 3 种形式：Do Until…Loop。
- 第 4 种形式：Do…Loop Until。

② 掌握 Exit Do 和 Exit For 的用法。

③ 练习例题。

（3）Sub 过程与 Function 过程。

① 仔细阅读上面的"猜数字"程序，学会如何在代码中使用过程。

② 学会调用过程的方法。

③ 练习使用 For…Next 循环语句。

④ 掌握循环语句的嵌套使用。

⑤ Sub 过程和 Function 过程有何区别，把"猜数字"程序中的 Function 过程换成 Sub 过程，运行结果会有什么不同？

⑥ 练习编制 Sub 过程和 Function 过程。

3.　问题解答

（1）在程序中为什么要使用子程序和自定义函数？

在程序中使用子程序和自定义函数，可以减少程序中的重复代码，降低程序的复杂性，使程序更加简洁易读，同时有利于程序的修改与维护。

（2）子程序和自定义函数有何区别？

子程序中的语句被执行操作时不返回任何数值，而自定义函数过程在操作执行结束后，可以有返回值也可以没有返回值。

4. 思考题

（1）Do While…Loop 与 Do Until…Loop 有什么区别？

（2）举例说明在什么情况下会用到 Exit For 和 Exit Do？

实验 18
VBScript 的常用函数

1. 实验目的

（1）掌握数学、字符串、日期时间等常用内部函数的用法。

（2）掌握 InputBox，MsgBox 函数的使用方法。

2. 实验内容

（1）常用内部函数。

① 数学函数：Sin、Cos，Tan，Atn，Sqr，Exp，Log，Abs，Sgn，Int，Fix，Rnd，Randomize。

② 字符串函数：Str，LCase，UCase，Space，String，Len，InStr，Left，Right，Mid，Trim，Val，Format 等。

③ 日期时间函数：Date，Time，Now，Year，Month，Day，WeekDay，Hour，Minute，Second 等。

④ 数组函数：Ubound 和 LBound。

（2）其他函数：InputBox 和 MsgBox。

① 输入框函数 InputBox。

● 指定提示字符串；

● 指定标题栏文字；

● 指定默认值；

● 指定显示位置。

利用 InputBox 函数显示如图 18-1 所示的输入框。

图 18-1　输入框

② 消息框函数 MsgBox。

● 指定消息内容；

● 指定显示图标；

- 指定按钮；
- 指定标题栏文字。

利用 MsgBox 函数显示如图 18-2 所示的消息框。

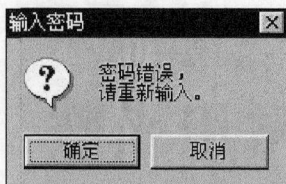

图 18-2　消息框

3. 问题解答

Trim，Ltrim 和 Rtrim 函数有什么用处？

由于 VBScript 是用来增加与使用者间的交互，因此在网页中有很多情况是使用者输入数据，然后 VBScript 程序对数据进行判断。但是用户在输入数据时，可能不小心会输入空格，这样两个字符串比较的结果就会不一样，如"abc"与" abc"。这类函数就是为了防止这类错误发生。

4. 思考题

（1）在 VBScript 中把 12.5 四舍五入为整数，答案会是什么？

（2）如何知道一个字符串中有没有字母 A？

（3）如何知道一个日期是星期几？

（4）写一个输入日期并判断其是否为有意义的日期（确定是否真的有这一天存在）的程序。

实验 19

VBScript 中的对象

1. 实验目的

（1）了解 VBScript 脚本对象模型的层次结构。

（2）熟悉这些对象的属性、事件和方法。

（3）学会利用脚本对象进行网页设计。

2. 实验内容

（1）Window 对象。

在脚本对象模型中，最顶层的对象是 Window 对象。Window 对象表示浏览器的窗口，是其他对象的容器。Window 对象的属性和方法可以在脚本中直接访问。

提示：

因为 Window 对象是唯一的最上层对象，所以表示其下的一些子对象的时候，并不需要在对象名称的前面再加上一个 Window，如文件对象（Document Object）其实是 Window 对象下的一个子对象，但当要找这一子对象时，不一定要写 Window.Document，只要写 Document 即可。

了解 Window 对象的属性、方法和事件。

① Window 对象的事件：OnLoad 和 OnUnload。当网页被客户端的浏览器读取时，发生 OnLoad 事件；反之，当浏览窗口被使用者关闭时，发生 OnUnload 事件。

编写代码：当 HTML 文件被浏览器读取（即 OnLoad 事件被触发）时，出现显示欢迎的提示框。执行结果如图 19-1 所示。

图 19-1　OnLoad 事件

提示：

可编写一个自定义函数，函数的内容就是显示一个提示框。当 OnLoad 事件发生时调用这个函数即可。

② Window 对象的方法：Alert，Confirm，Prompt，Open，Close，Navigate，SetTimeout 和 ClearTimeOut。

利用 SetTimeout 方法，编写一个时钟程序。执行结果如图 19-2 所示。

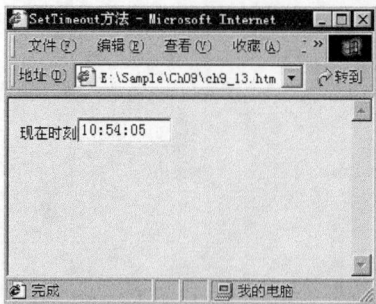

图 19-2　SetTimeout 方法

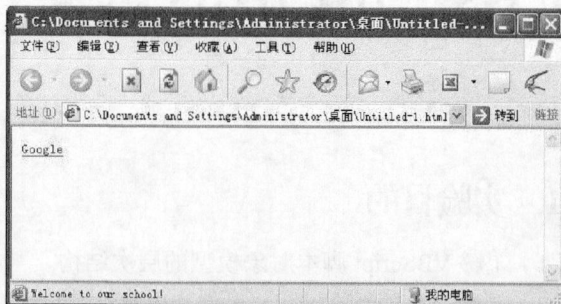

图 19-3　Status 属性

③ Window 对象的属性：status，statusbar，defaultstatus，location 等。

利用 Window 对象的 Status 属性，可以设置浏览器窗口底部的状态栏信息。执行结果如图 19-3 所示。

（2）Document 对象。

通过 Document 对象的属性和方法，访问当前加载的 HTML 页面，控制页面的外观和内容。

① Document 对象的属性：Title，BgColor，fgColor，LinkColor，aLinkColor，vLinkColor，LastModified，Location，Links 等。

编写代码，通过设置 Document 对象的 BgColor 属性改变页面的背景色。页面布局如图 19-4 所示。

程序代码如下：

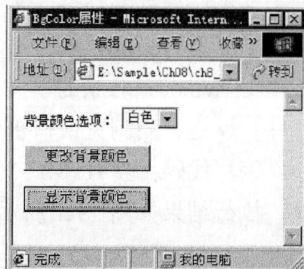

图 19-4　设置页面的背景色

```
<HTML>
<HEAD>
<TITLE>BgColor 属性</TITLE>
<Script Language="VBScript">
    Sub ChBgColor()
    Document.BgColor=Document.ThisForm.Sel.Value
      End Sub
    Sub ShowBgColor()
     MsgBox Cstr(Document.BgColor)
    End Sub
  </Script>
</HEAD>
<BODY>
<FORM NAME="ThisForm">
```

背景颜色选项：

```
<Select NAME="Sel">
<Option Value="White">白色
```

```
<Option Value="Red">红色
<Option Value="Blue">蓝色
<Option Value="Green">绿色
<Option Value="Purple">紫色
</Select><BR><BR>
<INPUT TYPE=BUTTON OnClick="ChBgColor()"
 VALUE="更改背景颜色"><BR><BR>
<INPUT TYPE=BUTTON OnClick="ShowBgColor()"
 VALUE="显示背景颜色">
</FORM>
</BODY>
</HTML>
```

通过类似上面的方法，编写代码改变网页中文字的颜色、超链接的颜色。

② Document 对象的方法：Open，Close，Write，Writeln 和 Clear。

上机编辑并运行下面的程序代码，试分析 Write 方法在代码中的作用。

```
<HTML>
<HEAD>
<TITLE>Write 的应用</TITLE>
<Script Language="VBScript">
  Randomize
  Dim rr,gg,bb
  rr=Int(Rnd*255+1)
  gg=Int(Rnd*255+1)
  bb=Int(Rnd*255+1)
  ColorStr="#" + Cstr(Hex(rr)) + Cstr(Hex(gg)) + Cstr(Hex(bb))
  Document.Write("<BODY BGColor=" & ColorStr & ">")
  </Script>
</HEAD>
用随机数来决定背景颜色
</BODY>
</HTML>
```

（3）Form 对象的属性、方法和事件。

（4）了解其他对象的属性、方法和事件。

3. 问题解答

（1）在网页中如何表示颜色？

在 HTML 文件中要表现某种颜色，可以直接写该颜色的名称（如 Red，Blue 等），也可以用调色的方法来设置颜色。设置的方式是#rrggbb，其中 rr 代表红色的亮度，gg 为绿色的亮度，bb 为蓝色的亮度，其数值以十六进制表示，3 个值都介于 00 ~ ff，如红色是#ff0000，白色是#ffffff，黑色是#000000 等。rrggbb 所能表示的颜色共有 256×256×256 种，这种值统称为颜色的 RGB 码，是目前信息领域中最常使用的颜色表示方法。

（2）VBScript 支持哪些类型的对象？

VBScript 支持 3 种类型的对象：内建对象、浏览器对象和用户自定义对象。

内建对象共有 7 种，即 Dictionary 对象、Drive 对象、Err 对象、File 对象、FileSystemObject 对象、Folder 对象和 TextStream 对象。

VBScript 支持的浏览器对象，如 Window 和 Document 对象等，主要用于实现客户端的功能。

VBScript 提供的创建用户自定义对象功能提供了更广阔的对象处理能力，自定义对象同样也有其属性和方法，并可在程序中像内建对象一样使用。

4. 思考题

（1）文件对象中的 LastModified 属性代表何种信息？

（2）如何用 Open 方法动态产生一个新的网页文件？

（3）如何利用 Links 对象得知一个网页中有几个超链接？

（4）History 对象有哪几个方法可以使用？

（5）试着编写出一个可以同时输入分和秒的倒数定时器。

实验 **20**
JavaScript 基础和函数

1. 实验目的

（1）比较 JavaScript 和 VBScript 两者的区别。

（2）掌握如何在网页中加入 JavaScript 代码。

（3）掌握 JavaScript 变量的使用。

（4）掌握 JavaScript 脚本函数的定义和使用。

2. 实验内容

（1）在 HTML 页面中使用 JavaScript。

① 编辑下面的程序，观察 JavaScript 程序代码在 HTML 文件中的位置，保存并运行。程序代码如下：

```
<html>
  <head>
  <meta http-equiv="Content-Type" content="text/html; charset=gb2312">
  <title>我的第一个 JavaScript 脚本代码网页</title>
  </head>
  <body>
  <script language="JavaScript">
   //编写的 JavaScript 代码
alert("我的第一个 JavaScript 脚本代码网页");
  </script>
  </body>
  </html>
```

② 运行结果如图 20-1 所示。

说明：

如同 HTML 标识语言一样，JavaScript 脚本代码是一些可以用字处理软件浏览的文本。

JavaScript 脚本代码由<Script Language="JavaScript">… </Script>说明。在标识<Script Language=" JavaScript" >…</Script>之间就可以加入 JavaScript 脚本。

Alert()是 JavaScript 的窗口对象方法，其功能是弹出一个提示对话框并显示()中的内容。

在 JavaScript 脚本中添加注释的标记是 "//"。

（2）JavaScript 脚本的变量声明。

在 JavaScript 脚本中使用 "var" 语句来进行变量声明。

① 编辑下面的程序，观察 JavaScript 程序代码中变量的声明，保存并运行。

程序代码如下：

```
<html>
<head>
<meta http-equiv="Content-Type" content="text/html; charset=gb2312">
<title>JavaScript 脚本中的变量声明</title>
</head>
<body>
<script language="javascript">
//声明变量
var test;
//给变量赋值
test=("Hello World!")
alert(test);
</script>
</body>
</html>
```

② 运行结果如图 20-2 所示。

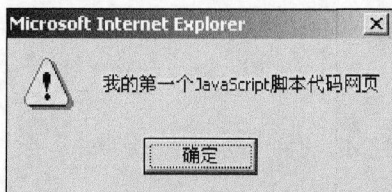

图 20-1　JavaScript 脚本代码网页执行结果

图 20-2　变量声明执行结果

（3）JavaScript 脚本函数的定义。

在 JavaScript 中定义函数的语法结构如下：

```
function  函数名  （函数所带参数）
  {
     函数执行部分
}
return  表达式
// return 语句指明函数将返回的值
```

编辑下面的程序，观察 JavaScript 程序代码中变量的声明，保存并运行。

程序代码如下：

```
<html>
<head>
<Script Language ="JavaScript">
   //定义一个计算整数的平方的函数
function square (x)
{
 return x*x
}
</Script>
<meta http-equiv="Content-Type"  content="text/html;  charset=gb2312"  /><title> 在
```

```
JavaScript 脚本中定义和使用函数</title>
    </head>
    <body>
    <Script Language ="JavaScript">
        //编写的 JavaScript 代码
    vary;
    var result;
    y=10;
    result=square(y);
    alert(y+"的平方是"+result);
    </Script>
    </body>
    </html>
```

3.　问题解答

关于 VBScript 和 JavaScript 应该使用哪种比较好？

① 服务器端

ASP 支持这两种脚本语言，在服务器端使用哪个都行，但在服务器端使用 VBScript 较多，对于新手来说一般用 VBScript 即可。

② 客户端

现在流行的主要是 IE 和 Netscape 这两种浏览器，IE 浏览器对 VBScript 和 JavaScript 都支持，而 Netscape 浏览器却不支持 VBScript，为了兼容应该在客户端使用 JavaScript 脚本语言，另一方面由于 JavaScript 有十分强大的交互性，在客户端使用它可以实现许多复杂的功能。

说对于新手，在服务器端使用 VBScript，在客户端使用 JavaScript 即可。

4.　思考题

（1）为什么不推荐同时使用 JavaScript 和 VBScript 来编写服务器脚本？

（2）利用 JavaScript 编写客户机代码有什么优点？

（3）使用 JavaScript 脚本编写的客户机代码是否需要 IIS 服务器来执行？

实验 21

JavaScript 内置对象

1. 实验目的

（1）了解 JavaScript 内置对象的类别。

（2）熟悉这些对象的属性、事件和方法。

（3）掌握 String 对象、Math 对象、Date 对象、Document 对象、Window 对象的使用方法。

（4）学会利用 JavaScript 内建对象进行网页设计。

2. 实验内容

通俗地说，对象是变量的集合体，对象提供了对于数据一致的组织手段，描述了一类事物的共同属性。在 JavaScript 中，可以使用以下几种对象：

- 由浏览器根据 Web 页面的内容自动提供的对象；
- JavaScript 的内置对象，如 Date，Math 等；
- 服务器上的固有对象；
- 用户自定义的对象。

（1）String 对象的使用。

String 对象的方法很多，主要是用于有关字符串在 Web 页面中的显示、字体大小、字体颜色、字符的搜索及字符的大小写转换等。

① 编辑下面的程序，观察 JavaScript 程序中 String 对象的使用，保存并运行之。

程序代码如下：

```
<html>
<head>
<meta http-equiv="Content-Type" content="text/html; charset=gb2312" />
<title>JavaScript 内建 String 对象的使用</title>
</head>
<body>
<script language="javascript">
var test;
//这里实际上就是定义 test 为一个 String 对象
test="实验指导书编者：sam";
alert("长度是"+test.length+"大写结果是"+test.toUpperCase());
</script>
</body>
```

```
</html>
```

② 运行结果如图 21-1 所示。

（2）Math 对象的使用。

Math 对象主要用于数值计算，如求平方、正余弦、正余切、四舍五入等。

① 编辑下面的程序，观察 JavaScript 程序中 Math 对象的使用，保存并运行。

程序代码如下：

```
<html>
<head>
<meta http-equiv="Content-Type" content="text/html; charset=gb2312" />
<title>JavaScript 内建 Math 对象的使用</title>
</head>
<body>
<script language="javascript">
    var test;
    //这里实际上就是定义 test 为一个 Math 对象
    test=1;
    alert("圆周率是"+Math.PI+"正弦值是"+Math.sin(test));
</script>
</body>
</html>
```

② 运行结果如图 21-2 所示。

图 21-1   String 对象运行结果

图 21-2   Math 对象运行结果

（3）Date 对象的使用。

Date 对象是一个动态对象，在使用时必须先实例化。例如，下面的语句就是实例化一个名为 MyDate 的 Date 对象。

```
MyDate=New Date()
```

Date 对象主要用于设置或返回时间、日期。

① 编辑下面的程序，观察 JavaScript 程序中 Date 对象的使用，保存并运行。

程序代码如下：

```
<html>
<head>
<meta http-equiv="Content-Type" content="text/html; charset=gb2312" />
<title>JavaScript 内建 Date 对象的使用</title>
</head>
<body>
    <script language="JavaScript">
    //这里实际上就是定义 mydate 为一个 Date 对象
    var mydate=new Date();
    var year=mydate.getYear();
```

```
alert("客户机时间的年份是"+year);
</script>
</body>
</html>
```

② 运行结果如图 21-3 所示。

（4）文档对象 Document 的使用。

常用文档对象 Document 的 write 方法向浏览器输出信息。

① 编辑下面的程序，观察 JavaScript 程序中 Document 对象的使用，保存并运行。

程序代码如下：

```
<HTML>
<Head>
<title>Document 对象的使用方法</title>
</Head>
<body>
    <script language="JavaScript">
var test=new Date();
document.write("客户机时间的年份是："+test.getYear());
    </script>
</body>
</HTML>
```

② 运行结果如图 21-4 所示。

图 21-3　Date 对象运行结果

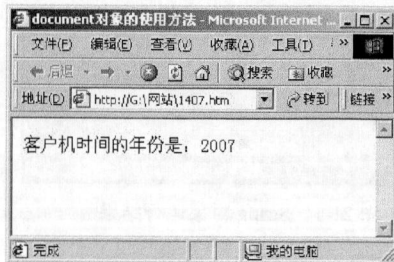

图 21-4　Document 对象运行结果

（5）窗口对象 Window 的使用。

常用窗口对象 Window 的 prompt 方法向浏览器输入信息。

① 编辑下面的程序，观察 JavaScript 程序中 Window 对象的使用，保存并运行。

程序代码如下：

```
<HTML>
<Head>
<title>Window 对象的使用方法</title>
</Head>
<body>
  <script language="JavaScript">
   //test 变量接收 Window 对象的 prompt 弹出窗口输入的信息
   var test=window.prompt("请输入数据:");
   //Document 对象的 write 方法显示输入的信息
   document.write("输入的信息是："+test);
  </script>
```

```
</body>
</HTML>
```

② 运行结果如图 21-5 所示。

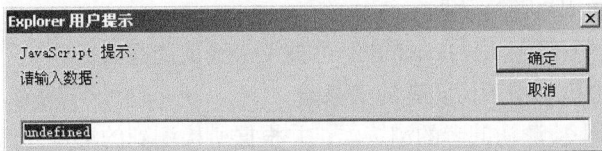

图 21-5　Window 对象运行结果

这时输入"sam 来教你学习 JavaScript",如图 21-6 所示。

图 21-6　输入文字

单击"确定"按钮后,如图 21-7 所示。

图 21-7　显示结果

3. 问题解答

(1) Java 和 JavaScript 是相同的吗?

在概念和设计方面,Java 和 JavaScript 是两种完全不同的语言。

Java(由 Sun 微系统公司开发)很强大,同时也是更复杂的编程语言,就像同级别的 C 和 C++。

(2) JavaScript 能做什么?

① JavaScript 为 HTML 设计师提供了一种编程工具。

HTML 创作者往往都不是程序员,但是 JavaScript 却是一种只拥有极其简单的语法的脚本语言,几乎每个人都有能力将短小的代码片断放入他们的 HTML 页面当中。

② JavaScript 可以将动态的文本放入 HTML 页面。

类似于这样的一段 JavaScript 声明可以将一段可变的文本放入 HTML 页面:

```
document.write("<h1>" + name + "</h1>")
```

③ JavaScript 可以对事件作出响应。

可以将 JavaScript 设置为当某事件发生时才会被执行,如页面载入完成或者当用户单击某个

HTML 元素时。

④ JavaScript 可以读写 HTML 元素。

JavaScript 可以读取及改变 HTML 元素的内容。

⑤ JavaScript 可被用来验证数据。

在数据被提交到服务器之前，JavaScript 可被用来验证这些数据。

⑥ JavaScript 可被用来检测访问者的浏览器。

JavaScript 可被用来检测访问者的浏览器，并根据所检测到的浏览器，为这个浏览器载入相应的页面。

⑦ JavaScript 可被用来创建 cookies。

JavaScript 可被用来存储和取回位于访问者的计算机中的信息。

4. 思考题

（1）JavaScript 语言是面向对象的语言吗？

（2）JavaScript 在面向对象中存在哪些缺陷呢？

（3）window.open 的返回值和弹出窗口的 Window 是否一致？

实验 22
JavaScript 脚本的典型实例

1. 实验目的

（1）熟悉 JavaScript 脚本代码。

（2）掌握一些常用 JavaScript 脚本代码的使用方法。

（3）学会利用 JavaScript 脚本代码进行网页设计。

2. 实验内容

在本实验中将介绍一些典型的 JavaScript 脚本代码实例。在使用时只需把相关的 JavaScript 脚本代码复制到自己的网页中就可以直接使用。

（1）弹出窗口。

弹出窗口一般用于在浏览某个网页时，弹出一个窗口，来显示某个文档的内容。

① 用 Dreamweaver 设计一个具有弹出窗口的文件，其代码如下：

```
<html>
<head>
<meta http-equiv="Content-Type" content="text/html; charset=gb2312">
<title>弹出窗口的 JavaScript 脚本代码实例</title>
</head>
<body>
<script language="JavaScript">
//定义弹出窗口函数
var popUpWin=0;
function popUpWindow(URLStr, left, top, width, height)
{
if(popUpWin)
{
if(!popUpWin.closed) popUpWin.close();
}
popUpWin = open(URLStr, 'popUpWin', '
toolbar=no,location=no,directories=no,status=no,menub
ar=no, scrollbar=no,resizable=no,copyhistory=yes,width='+width+',height='+height+',
left='+left+', top='+top+',screenX=' + left+',screenY='+top+'');
}
//弹出窗口调用实例
popUpWindow("1401.htm",10,20, 200,200);
</script>
```

```
    </body>
    </html>
```

② 运行结果如图 22-1 所示。

（2）信息窗口。

信息窗口用于在浏览网页时，弹出一个窗口来显示某些信息。

① 用 Dreamweaver 设计一个具有信息窗口的文件，其代码如下：

```
    <html>
    <head>
    <meta http-equiv="Content-Type" content="text/html; charset=gb2312">
    <title>信息窗口的 JavaScript 脚本代码实例</title>
    </head>
    <body>
       <script language="javascript">
       //定义信息窗口函数
       function messageWindow(title, msg)
     {
       var width="300", height="125";
       var left = (screen.width/2) - width/2;
       var top = (screen.height/2) - height/2;
       var styleStr='toolbar=no,location=no,directories=no,status=no,menubar=no,
       scrollbar=no,resizable=no,
copyhistory=yes,width='+width+',height='+height+',left='+left+',top='+top+',screen
X='+left+',screenY='+top;
       var msgWindow = window.open("","msgWindow", styleStr);
       var head = '<head><title>'+title+'</title></head>';
       varbody='<center>'+msg+'<br><p><form><input type="button"value="Done"onClick
=" self.close()">
</form>';
       msgWindow.document.write(head + body);
     }
       //信息窗口调用实例，设置内容和信息
       messageWindow("网页制作实验指导书作者信息","E-mail:sam-235@163.com");
    </script>
    </body>
    </html>
```

② 运行结果如图 22-2 所示。

图 22-1　弹出窗口示意图

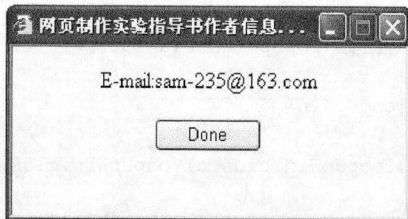

图 22-2　信息窗口示意图

（3）文本自动输出（利用已有的脚本代码进行网页设计）。

① 在 Dreamweaver 或 FrontPage 的代码窗口，把已有的脚本代码插入到已经建好的网页中，达到预期的效果。

脚本说明如下。

第一步：把如下代码加入<head>区域中。

```
<SCRIPT LANGUAGE="JavaScript">
<!-- Original: Tarjei Davidsen (the@rescueteam.com) -->
<!-- This script and many more are available free online at -->
<!-- The JavaScript Source!! http://javascript.internet.com -->
<!-- Begin
var max=0;
function textlist() {
max=textlist.arguments.length;
for (i=0; i<max; i++)
this[i]=textlist.arguments[i];
}
tl = new textlist(
"随着 Internet 时代的逐步到来，人们对网络的认识与感知越来越深刻",
"上网主要是进行 Web 页面浏览，所以 Web 页面的精彩程度对一个网站至关重要",
"可通过制作个人主页展现自己的才华，而且，由于出现了多种制作网页的软件",
"但是，光用软件就能制作出你想要的各种页面效果吗？答案肯定是否定的",
"JavaScript 是 Netscape（网景）公司首先推出的一种针对 Web 页面的解释型语言"
);

var x = 0; pos = 0;
var l = tl[0].length;
function textticker() {
document.tickform.tickfield.value = tl[x].substring(0, pos) + "_";
if(pos++ = = l) {
pos = 0;
setTimeout("textticker()", 2000);
if(++x = = max) x = 0;
l = tl[x].length;
} else
setTimeout("textticker()", 50);
}
//  End -->
</script>
</HEAD>
```

第二步：把如下代码加入<body>区域中。

```
<form name=tickform>
<textarea name=tickfield rows=3 cols=38 style="background-color: rgb(0,0,0); color:
rgb(255,255,255);  cursor:  default;  font-family:  Arial;  font-size:  12px"
wrap=virtual>The news will appear here when the page has finished loading.</textarea>
</form>
```

第三步：把<body>改为

```
<body  OnLoad="textticker()">
```

② 对插入脚本语言的网页进行测试。若测试不成功，返回代码窗口对其中的代码进行调试，直至测试成功。

③ 运行结果如图 22-3 所示。

3. 问题解答

（1）JavaScript 的代码如何应用到网页中？

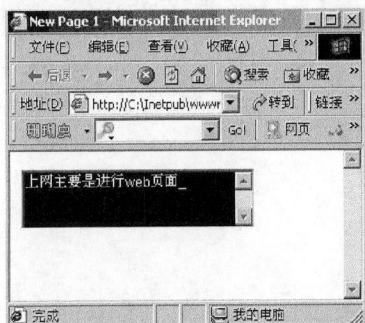

图 22-3　文本自动输出示意图

将 JavaScript 加入网页有如下两种方法。

① 直接加入 HTML 文档这是最常用的方法，大部分含有 JavaScript 的网页都采用这种方法。例如：

```
<scriptlanguage="JavaScript">
<! --document.writeln("这是 JavaScript! 采用直接插入的方法! ");//—JavaScript 结束——
></script>
```

在这个例子中，我们可看到一个新的标签：＜script＞…＜/script＞，而＜scriptlanguage＝"JavaScript"＞用来告诉浏览器这是用 JavaScript 编写的程序，需要调动相应的解释程序进行解释。HTML 的注释标签＜! ——和——＞，用来去掉浏览器所不能识别的 JavaScript 源代码的，这对不支持 JavaScript 语言的浏览器来说是很有用的。//—JavaScript 结束，双斜杠表示 JavaScript 的注释部分，即从//开始到行尾的字符都被忽略。至于程序中所用到的 document.write()函数则表示将括号中的文字输出到窗口中去。另外一点需要注意的是，＜script＞…＜/script＞的位置并不是固定的，可以包含在＜head＞…＜/head＞或＜body＞…＜/body＞中的任何地方。

② 引用方式如果已经存在一个 JavaScript 源文件（以 js 为扩展名），则可以采用这种引用的方式，以提高程序代码的利用率。其基本格式如下：

```
<scriptsrc=urllanguage="JavaScript"></script>
```

其中，url 就是程序文件的地址。同样的，这样的语句可以放在 HTML 文档头部或主体的任何部分。如果要实现"直接插入方式"中所举例子的效果，可以首先创建一个 JavaScript 源代码文件"Script.js"，其内容如下：

```
document.writeln("这是 JavaScript! 采用直接插入的方法! ");
```

在网页中可以这样调用程序：

```
<scriptsrc="Script.js"language="JavaScript"></script>
```

（2）如何捕获和处理 JavaScript 的错误消息？

有两种在网页中捕获错误的方法：

① 使用 try…catch 语句（在 IE5+、Mozilla 1.0、和 Netscape 6 中可用）；

② 使用 onerror 事件，这是用于捕获错误的老式方法（Netscape 3 以后的版本可用）。

4. 思考题

（1）在 JavaScript 中去除空格的方法有哪些？

（2）什么是 RegExp？

实验 23
配置 ASP 运行环境

1. 实验目的

（1）学会用构建 ASP 网站开发环境的方法。
（2）掌握测试 ASP 网站开发环境的方法。

2. 实验内容

（1）ASP 的运行环境。

ASP 文件是在服务器端运行的，所以必须掌握搭建 ASP 运行环境的方法。

服务器端运行的环境可以进行如下选择安装。

Ⅰ. Windows 2000 + IIS 5.0

Ⅱ. Windows XP + IIS 5.0

Ⅲ. Windows NT + Windows Nt Option Pack

根据大部分人的实际情况，本试验主要是在 Windows 2000 操作系统上运行和调试。

（2）安装 IIS 5.0。

如果是 Windows 2000 Server 或者 Windows 2000 Advance Server 版本，一般已经自动安装了 IIS；如果是 Windows 2000 Professional 版本，则需要自己安装 IIS 管理器。

具体的安装方法如下。

① 在计算机桌面上选择"开始"→"设置"→"控制面板"，选择"添加/删除程序→"添加/删除 Windows 组件"，出现如图 23-1 所示的"Windows 组件向导"对话框。

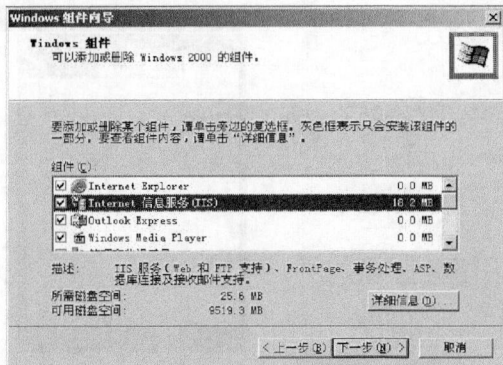

图 23-1 "Windows 组件向导"对话框

- 在"组件"列表框中选择"Internet 信息服务（IIS）"选项。
- 单击 详细信息 (D) 按钮。

② 出现如图 23-2 所示的"Internet 信息服务（IIS）"对话框。

在"Internet 信息服务（IIS）的子组件"列表框中列举了 IIS 5.0 的所有组件，根据需要选择安装组件后单击"确定"按钮。

③ 返回到图 23-1 中单击"下一步"按钮。

注意： 在安装 IIS 5.0 的过程中需要放入 Windows 2000 安装光盘。

④ 安装完成后出现如图 23-3 所示的完成界面，单击"完成"按钮。

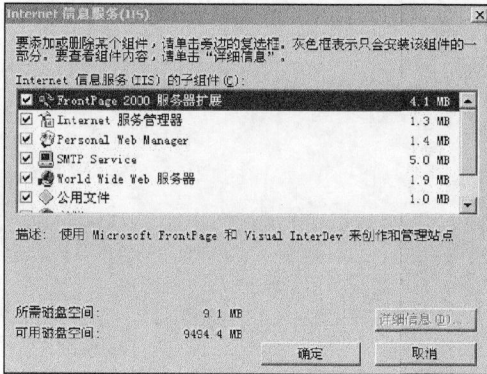

图 23-2 "Internet 信息服务（IIS）"对话框

图 23-3 完成界面

（3）测试 ASP 网站开发环境。

当配置好 ASP 环境之后，就会生成一个"默认的 Web 站点"，它的路径是"C:\inetpub\wwwroot"。一般情况下，制作的网页文件都放在该文件夹或该文件夹的子文件夹中。

ASP 环境配置完成之后，该环境是否构建成功，可以通过以下几种方法来进行测试。

① 在本地客户机 IE 浏览器的地址栏中输入"http://localhost"，出现如图 23-4 和图 23-5 所示的结果，表明 ASP 网站开发环境构建成功。

② 利用"http://您的计算机名称"进行测试。

如果出现如图 23-4 和图 23-5 所示的结果，表明 ASP 网站开发环境构建成功。

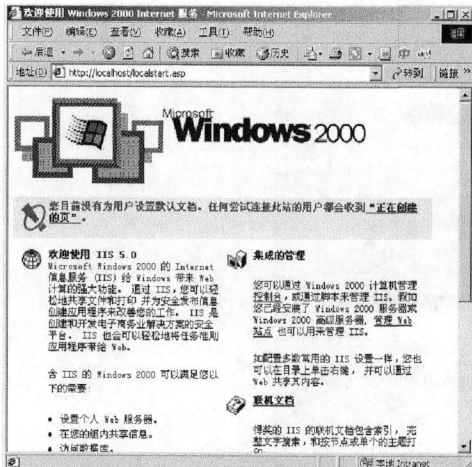

图 23-4 测试成功示意图

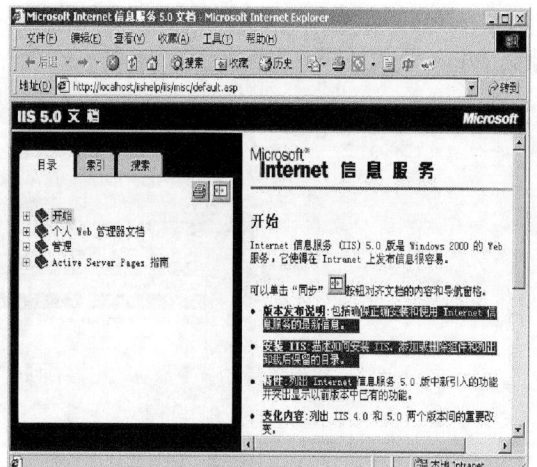

图 23-5 测试成功示意图

③　利用 "http://127.0.0.1" 进行测试。

在本地客户机 IE 浏览器的地址栏中输入 "http://127.0.0.1"，出现如图 23-6 所示的 "输入网络密码" 对话框。

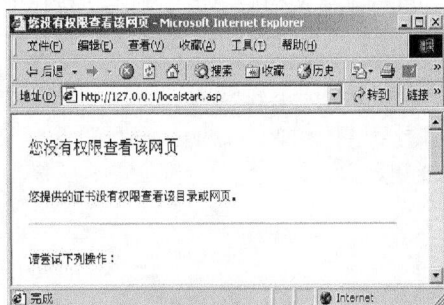

● 输入用户名和密码后，单击 "确定" 按钮出现如图 23-4 和图 23-5 所示的结果，表明 ASP 网站开发环境构建成功。

● 如果不知道用户名和密码，可以单击 "取消" 按钮，出现如图 23-7 所示的窗口。提示信息是 "您没有权限查看该网页"，这是因为网站安全设置的原因，但仍然可以表明 ASP 网站开发环境构建成功。

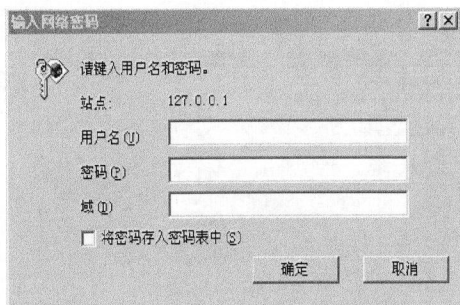

图 23-6　"输入网络密码" 对话框　　　　　　　　图 23-7　提示界面

④　利用 "http://您的计算机的 IP 地址" 进行测试。

这种情况同上述利用 "http://127.0.0.1" 方法进行测试是一样的效果。

（4）添加虚拟目录。

尽管现在已经可以在 "C:\inetpub\wwwroot" 文件夹下建立 ASP 文件了，但是在新开始创建一个新的网站时，最好给它添加一个虚拟目录。

①　选择 "开始" → "设置" → "控制面板" 命令，在打开的 "控制面板" 窗口中双击打开 "管理工具" 窗口，然后打开 "Internet 信息服务" 窗口，如图 23-8 所示。

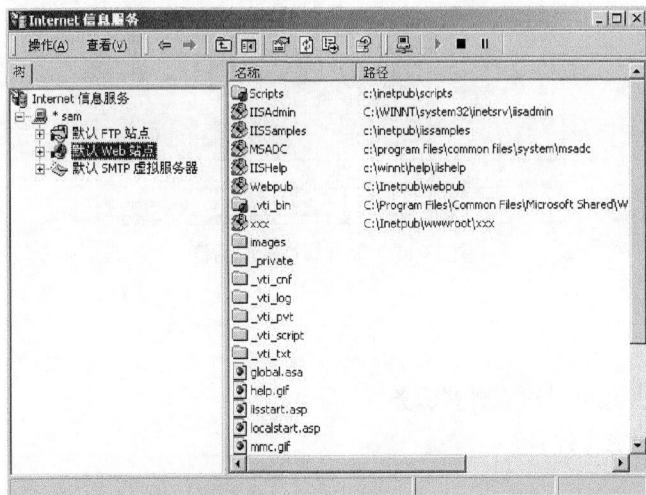

图 23-8　"Internet 信息服务" 窗口

②　在窗口中的 "默认 Web 站点" 上单击鼠标右键，在弹出的快捷菜单中选择 "新建" → "虚

拟目录"命令，弹出如图 23-9 所示为"虚拟目录创建向导"对话框，然后按提示执行，添加别名"xxx"，选择文件夹"C:\Inetpub\wwwroot\xxx"。

设置虚拟目录后，就可以在 IE 浏览器中的地址栏输入 http://localhost/xxx 来访问了，注意这时的 xxx 是虚拟目录的名字。

（5）设置默认文档。

本实验书中的默认文档一般为 index.asp 或 index.htm，设置方法如下。

在图 23-8 所示的"Internet 信息服务"窗口中的虚拟目录 xxx 上单击鼠标右键，在弹出的快捷菜单中选择"属性"命令，就会出现如图 23-11 所示的"xxx 属性"对话框。在其中添加上 index.asp，index.htm 等默认文档后单击"确定"按钮即可。

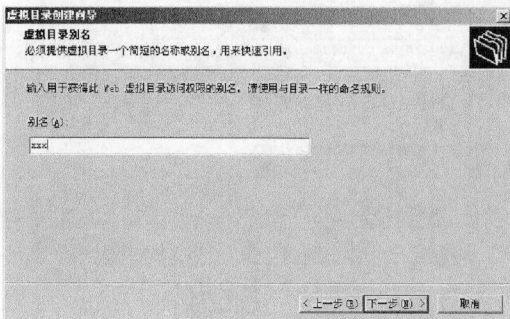

图 23-9　添加别名

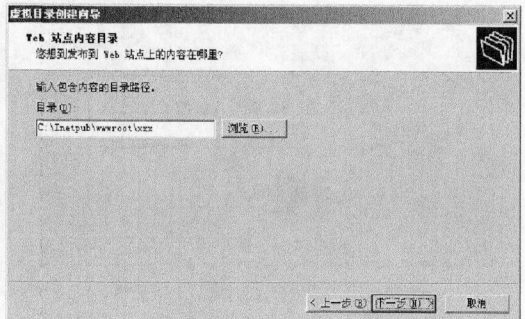

图 23-10　选择目录

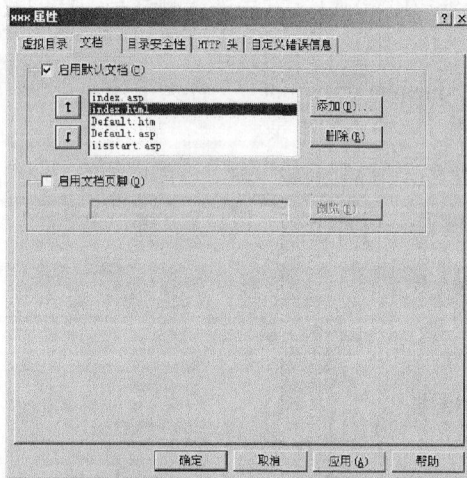

图 23-11　"xxx 属性"对话框

3. 思考题

（1）利用 IIS 服务还可以建立哪些服务？

（2）IIS 的主要用途是什么？

实验 24
测试 ASP 文件

1. 实验目的

（1）了解 ASP 的开发工具。

（2）学习制作简单的 ASP 文件。

（3）掌握在客户端对 ASP 文件进行测试的方法。

2. 实验内容

（1）ASP 的开发工具。

开发 ASP 文件，最好的工具是 Microsoft Visual InterDev，利用它不仅可以编写，还可以进行调试，而且可以多人合作开发，开发大型的 Web 程序最好使用它。

对于初学者而言，也可以使用记事本、FrontPage 等任何文本编辑器，编写完毕后存成.asp 的文件即可。

（2）制作一个简单的 ASP 文件。

现在就来制作一个简单的 ASP 文件，借以体会制作一个 ASP 文件的完整过程。该例子的功能是显示来访日期和时间。

提示：

为了有条理，便于初学者调试程序，建议在 "C:\inetpub\wwwroot" 下建立 xxx 文件夹，以后上机做好的 ASP 文件都分章保存在这里，注意查看浏览器地址栏中输入的路径。

① 新建 ASP 文件。

打开记事本，然后在菜单栏中选择 "文件" → "新建" 命令，如图 24-1 所示。

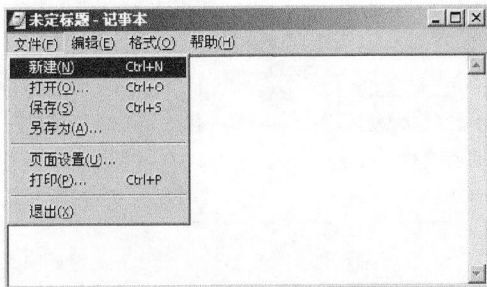

图 24-1　新建一个 ASP 文件

之后，就可以在这个新建的文件中输入代码了。例如，输入清单 1 中的全部代码，这样就完成了新建的过程。

输入清单 1　显示来访时间

```
<html>
<head>
    <title>一个简单的 ASP 程序</title>
</head>
<body>
    <h2 align="center">欢迎大家共同来学习、探讨 ASP！！</h2>
    <p align="center">
    <%
     sj="您来访的时间是："&date()&time()
     response.write sj    '输出结果
    %>
</body>
</html>
```

提示：

Response.Write 语句表示在页面输出内容，在后续章节中将会详细讲解，现在只要记住就可以了。"输出结果"是注释语句，用于给出一些提示信息。

② 保存 ASP 文件。

制作完毕后，选择"文件→"保存"命令，就会弹出如图 24-2 所示的"另存为"对话框，将文件命名为 first.asp，保存在"C:\inetpub\wwwroot\xxx\sy1"文件夹中，然后单击"保存"按钮即可。

③ 浏览 ASP 文件。

打开浏览器，在地址栏中输入"http://localhost/xxx/sy1/first.asp"，按 Enter 键后，程序运行结果如图 24-3 所示。图中显示的时间是服务器的当前时间，也就是现在所用的计算机的时间。

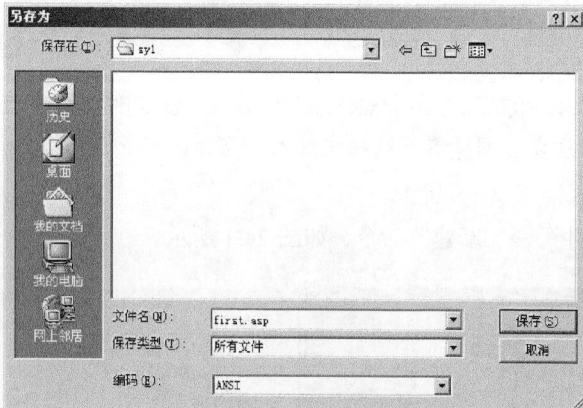

图 24-2　保存文件

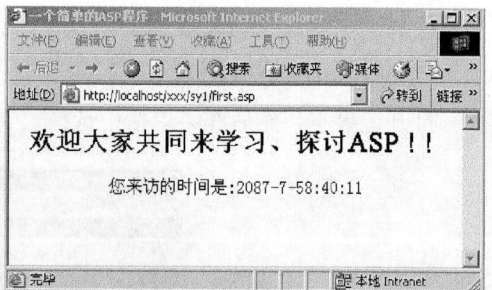

图 24-3　程序 first.asp 的运行结果图

3.　问题解答

开发 ASP 程序时应该注意哪些事项？

- 在 ASP 程序中，字母不分大小写。
- 在 ASP 中，凡是用到标点符号的，都是在英文输入状态下输入的标点符号，否则将会出错。
- 普通的 HTML 元素可以在一行里连着写，而 ASP 语句必须分行写。
- 在 ASP 中，<%和%>的位置是相对随便的，可以和 ASP 语句放在一行，也可以单独成为一行。
- 要养成良好的编程习惯，如恰当的缩进，这样自己和别人看起来都方便，否则很难阅读。

在 ASP 源程序中，可以包含 HTML，两者是很好地结合在一起的。事实上，在编写 ASP 网页时，可以充分利用 HTML 编程工具来编写复杂的 HTML 语句，然后再将 ASP 脚本语言插入到 HTML 语句中去。

4. 思考题

（1）对于 ASP 文件的测试有几种方法，它们各自有什么区别？

（2）在 FrontPage 或 Dreamweaver 的浏览窗口是否也可以达到预期的效果呢？

Request 和 Response 对象

1. 实验目的

（1）了解 ASP 的内置对象。

（2）熟悉 Request 和 Response 对象的属性、事件、方法。

（3）学会利用 Request 和 Response 对象进行网页设计。

2. 实验内容

（1）在实际中，服务器经常需要获得客户端输入的信息，如常见的注册，客户端通过浏览器在表单里输入姓名等内容后，单击"提交"按钮就可以将数据传送到服务器端。过去采用 CGI 处理，很麻烦。ASP 提供了一个简单好用的内部对象 Request，利用这个对象就可以让服务器端轻松取得客户端的信息。

图 25-1　Request.htm

下面就用 Request 对象获得客户机的输入信息。

① 首先利用 FrontPage 或 Dreamweaver 设计一个名为 Request.htm 的网页，其运行结果如图 25-1 所示。

Request.htm 文件代码如下：

```
<html>
<head>
  <meta http-equiv="Content-Type" content="text/html; charset=gb2312">
  <title>使用表单输入信息</title>
</head>
```

```
<body>
    <form action="Request.asp" method="post" name="form1" target="_top">
    <input name="bookname" type="text" id="bookname">
    <input type="submit" name="Submit" value="提交">
    </form>
</body>
</html>
```

② 设计一个名为 Request.asp 的文件，使该文件使用 Request 对象接收 Request.htm 提交的信息，然后显示出来。

在记事本等文本编辑器中或 FrontPage，Dreamweaver 的代码窗口输入以下代码来构建 Request.asp 文件。

```
<%@LANGUAGE="VBSCRIPT" CODEPAGE="936"%>
<html>
<head>
  <meta http-equiv="Content-Type" content="text/html; charset=gb2312">
  <title>Request 对象的使用</title>
</head>
<body>
  <%
  '定义临时变量
  dim T_bookname
  '使用 request 对象，读入集合 Form 中的元素 bookname 的值，即 Request.htm 文件中的表单的文本框
   bookname 的值
  T_bookname=request.Form("bookname")
  '向客户机输出值
  response.write"你输入的书名是:"&T_bookname
  %>
</body>
</html>
```

③ 首先运行 Request.htm 文件，在文本框中输入信息后单击 提交 按钮。例如，输入"网络应用基础"，如图 25-2 所示。

单击 提交 按钮之后，Request.asp 文件接收输入的信息"网络应用基础"，并将该信息显示出来，如图 25-3 所示。

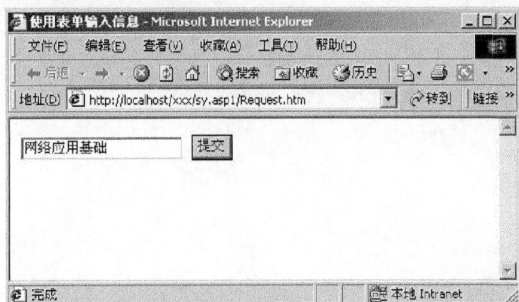

图 25-2　Request.htm

图 25-3　Request.asp

（2）Response 对象提供一系列方法，允许直接处理为返回客户机而创建的页面内容。ASP 需要根据客户端的不同请求输出相应的信息，这就要靠 Response 对象来实现了。

下面就用 Response 对象向客户端输出信息。

1）使用 Write 方法输出信息。

① 利用 FrontPage 或 Dreamweaver 设计一个名为 Write.asp 的文件，代码如下：

```
<%@LANGUAGE="VBSCRIPT" CODEPAGE="936"%>
<html>
<head>
<meta http-equiv="Content-Type" content="text/html; charset=gb2312">
<title>response.write 方法</title>
</head>
<body>
<%response.write NOW%>
<%response.write "</br>"%>
<%=NOW%>
//注意两种方法的区别
</body>
</html>
```

② 运行结果如图 25-4 所示。

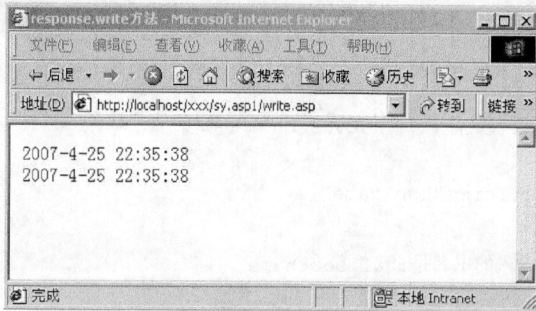

图 25-4　Write.asp 的运行结果

2）使用 End 方法结束网页执行。

Response.End 方法的主要功能是告诉 IE 浏览器信息已经输出完毕，同时它会让 IIS 不再解释 ASP 网页中后续的 HTML 标记和 VBScript 脚本代码，从而结束 ASP 文件的执行。

① 利用 FrontPage 或 Dreamweaver 设计一个名为 End.asp 的文件，代码如下：

```
<%@LANGUAGE="VBSCRIPT" CODEPAGE="936"%>
<html>
<head>
<meta http-equiv="Content-Type" content="text/html; charset=gb2312">
<title>结束程序执行的 Response.End 方法</title>
</head>
<body>
<%
    dim x
    dim y
    x=30
    y=20
    if x>y then
    response.write "x>y"
    response.End()
 end if
```

```
  if x<y then
  response.write "x<y"
  response.End()
  end if
  response.write "比较完毕"
%>
</body>
</html>
```

② 运行结果如图 25-5 所示。

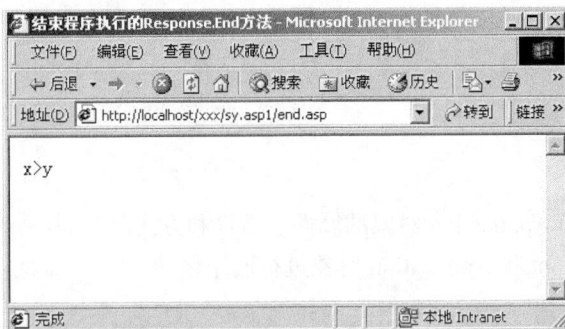

图 25-5　End.asp 的运行结果

3. 问题解答

什么是 Cookies?

Cookies 是 IIS 在客户机浏览器上保存的一些信息，它是附属于 Request 对象和 Response 对象的集合。Response 对象只能向客户机浏览器上写 Cookie 而不能读；Request 对象可以读取浏览器的 Cookie 而不能写。

4. 思考题

（1）Response 对象的 Write 方法的两种写法有什么区别以及应注意哪些事项?

（2）如何利用 ASP 的 Request 对象处理表单中的数据?

（3）如何利用 ASP 的 Response 对象向客户端写数据和 HTML 标记?

Session 和 Application 对象

1. 实验目的

（1）熟悉 Session 和 Application 对象的属性、事件和方法。

（2）学会利用 Sessiont 和 Application 对象进行网站设计。

2. 实验内容

（1）Application 对象主要设置由访问网络应用的所有用户共享的属性或信息。
下面利用 Application 对象编写一个功能简单的网站计数器。

① 利用 FrontPage 或 Dreamweaver 设计一个名为 jsq0.asp 的文件，代码如下：

```
<%@LANGUAGE="VBSCRIPT" CODEPAGE="936"%>
<html>
<head>
    <meta http-equiv="Content-Type" content="text/html; charset=gb2312">
    <title>Application 对象编写计数器</title>
</head>
<body>
  <%
    '首先锁定 Application 对象，不让两位上网者同时执行
    Application("mycounter")=Application("mycounter")+1
    '语句，出现并发结果不可控制
    Application.Lock()
    Application("mycounter")=Application("mycounter")+1
    '解除锁定
    Application.UnLock()
  %>
    你是本网站的第<%=Application("mycounter")%>位访问者!
</body>
</html>
```

② 运行结果如图 26-1 所示。

（2）Session 对象主要为网络应用的每一个用户设置属性或信息。

由于 Session 对象是同一连接访问的所有网页的公用信息，所以它的主要意义就是在同一用户访问的不同网页之间记录共用信息。Jsq0.asp 网页设计的计数器在用户刷新时就会增加，因此实际的网站计数器都会使用 Session 对象来判断网站访问者的身份，如果是新连接者才允许计数

器累加。

① 用 FrontPage 或 Dreamweaver 设计一个名为 jsq1.asp 的文件，代码如下：

```
<%@LANGUAGE="VBSCRIPT" CODEPAGE="936"%>
<html>
<head>
    <meta http-equiv="Content-Type" content="text/html; charset=gb2312">
    <title>Session 对象编写防止刷新的计数器</title>
</head>
<body>
<%
  '利用 isempty 函数来判断某个连接者的 Session 对象是否为空，如果为空表明是一个新连接者，所以计数器累加
if isempty(session("connected")) then
Application.Lock()
Application("mycounter")=Application("mycounter")+1
Application.UnLock()
end if
Session("connected")=True
%>
  你是本网站的第<%=Application("mycounter")%>位访问者！
</body>
</html>
```

② 运行结果如图 26-2 所示。

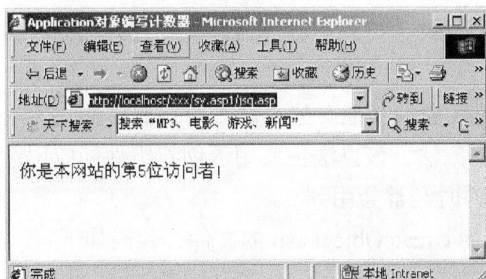

图 26-1　Application 对象　　　　　　　　图 26-2　Session 对象

3.　问题解答

使用 Session 对象有什么实际的意义？

由于 Session 对象是同一连接访问的所有网页的共用信息，所以它的主要意义就是在同一用户访问的不同网页之间记录公用信息。

例如，在一个学校的学生网络选课系统中，学生可能要浏览若干个网页才能最后选定自己要学习的课程。再如，在网上购物时，用户要浏览若干个网页才能选购完自己所需的商品。为什么在浏览其他网页时自己已经选过的商品可以累加呢？这里使用的就是 Session 对象。

4.　思考题

（1）简述 Session 和 Application 对象的区别和联系。

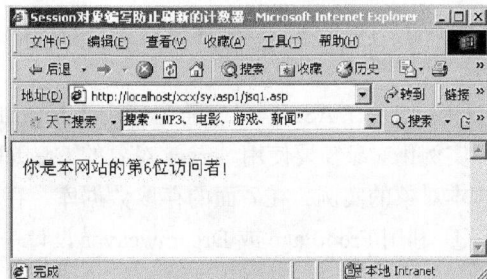

（2）如何创建和使用 Session 变量？

（3）Session 为什么会突然失效了？

实验 27
Server 对象

1. 实验目的

（1）熟悉 Server 对象的属性、事件和方法。

（2）熟练掌握 CreateObject 方法和 MapPath 方法。

（3）学会利用 Server 对象进行网站设计。

2. 实验内容

Server 对象提供对服务器上的方法和属性进行的访问。

Server 对象是专为处理服务器上的特定任务而设计的，特别是服务器环境和处理活动有关的任务。

（1）如果在 ASP 网页中需要使用不是 ASP 内置对象的其他对象，就需要首先实例化。

实例化对象需要使用 Server 对象的 CreateObject 方法，该方法主要用于创建组件、应用对象或脚本对象的实例，在后面的存取数据库、存取文件时经常会用到。

① 利用 FrontPage 或 Dreamweaver 设计一个名为 CreateObject.asp 的文件，代码如下：

```
<%@LANGUAGE="VBSCRIPT" CODEPAGE="936"%>
<html>
<head>
<meta http-equiv="Content-Type" content="text/html; charset=gb2312">
<title>Server 对象的 CreateObject 方法</title>
</head>
<body>
<%
    '实例化 ADO 中的数据库连接对象
    set conn=server.CreateObject("adodb.connection")
    response.write("使用 Server.CreateObject 方法实例化数据库连接对象")
    '关闭连接对象
set conn=nothing
  %>
</body>
</html>
```

② 运行结果如图 27-1 所示。

（2）在网页中，一般使用的都是虚拟路径（相对路径或绝对路径），但是在对数据库操作或其他文件操作时就必须使用物理路径（也称真实路径）。

图 27-1　实例化对象的 Server.CreateObject 方法

下面举一个例子（见表 27-1）来显示文件的物理路径(C:\inetpub\wwwroot 目录为网站的默认路径)。

表 27-1　　　　　　　　　　　　Server. MapPath 方法使用实例

方法的使用	返　回　值
Server. MapPath（"/"）	C:\inetpub\wwwroot
Server. MapPath（" /xxx/sy1/first.asp"）	C:\inetpub\wwwroot\xxx\sy1\first.asp
Server. MapPath（" /xxx/sy.asp1/end.asp"）	C:\inetpub\wwwroot\xxx\sy.asp1\end.asp

① 利用 FrontPage 或 Dreamweaver 设计一个名为 CreateObject.asp 的文件，代码如下：

```
<%@LANGUAGE="VBSCRIPT" CODEPAGE="936"%>
<html>
<head>
<meta http-equiv="Content-Type" content="text/html; charset=gb2312">
<title>Server 对象的 MapPath 方法</title>
</head>
<body>
<%
     response.write server.MapPath("/")
     response.write ("</br>")
     response.write server.MapPath("/xxx/sy1/first.asp")
     response.write ("</br>")
     response.write
server.MapPath("/xxx/sy.asp1/end.asp")
     response.write ("</br>")
  %>
</body>
</html>
```

② 运行结果如图 27-2 所示。

图 27-2　返回实际路径的 Server.MapPath 方法

3. 思考题

（1）简述 Server 对象中 MapPath 方法的功能。

（2）如何利用 Server 对象创建一个 Activex 组件的实例？

ASP 与数据库连接技术

1. 实验目的

（1）了解 ASP 与数据库的接口技术。

（2）熟悉、掌握直接指定驱动程序连接数据库。

（3）熟悉、掌握通过 DSN 连接数据库。

2. 实验内容

（1）查看数据库驱动程序。

ASP 网页所在的 IIS 服务器和数据库所在的数据库服务器必须通过某种接口连接起来。在 IIS 服务器上有很多类型数据库的接口驱动程序，这些驱动程序的作用就是在底层建立和指定类型数据库的连接。

怎样知道 IIS 服务器上可以访问什么类型的数据库呢？

在"控制面板"窗口选择"管理工具"→"数据源（ODBC）"选项，打开"ODBC 数据源管理器"对话框如图 28-1 所示，选择"驱动程序"选项卡。

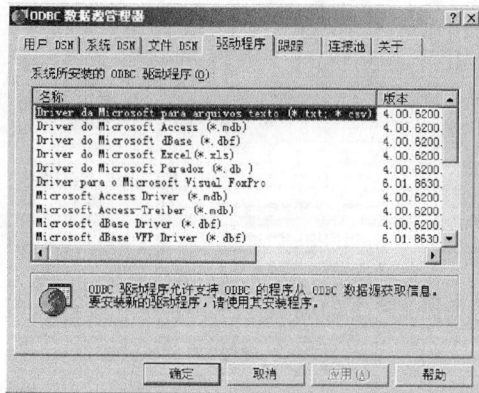

图 28-1 "驱动程序"选项卡

（2）直接指定驱动程序连接数据库。

要连接数据库，直接在 ASP 网页中指定数据库驱动程序的方法比较普遍，下面来介绍直接访问 Access 数据库。表 28-1 所示为 Access 数据库连接对象的 Open 方法属性。

表 28-1　　　　　　　　　　　Access 数据库连接对象的 Open 方法属性

参　　数	设　置　值	含　　义
Driver	Microsoft Access Driver (*.mdb)	Access 数据库的驱动程序
Dbq	Server.MapPath("student.mdb")	Access 数据库的路径和名称

利用 FrontPage 或 Dreamweaver 设计一个名为 CreateObject.asp 的文件，代码如下：

```
<%@LANGUAGE="VBSCRIPT" CODEPAGE="936"%>
<html>
<head>
```

```
<meta http-equiv="Content-Type" content="text/html; charset=gb2312">
<title>直接指定 Access 数据库的驱动程序</title>
</head>
<body>
<%
    dim conn
    Set conn = Server.CreateObject("ADODB.Connection")
    conn.Open"driver={MicrosoftAccessDriver(*.mdb)};dbq="&Server.MapPath
("student.mdb")
    set rs= Server.CreateObject("ADODB.Recordset")
    conn.close
    set conn=nothing
%>
<script language="VBscript">
    MsgBox "直接指定 Access 数据库的驱动程序成功",, "成功提示"
    </script>
</body>
</html>
```

（3）通过 DSN 连接数据库。

① 创建访问 Access 数据库的 DNS。

• 在"控制面板"窗口中选择"管理工具"→"数据源（ODBC）"选项，打开如图 28-2 所示的"ODBC 数据源管理器"对话框，选择"系统 DNS"选项卡，单击 添加(D)... 按钮。

• 出现如图 28-3 所示的"创建数据源"对话框，在驱动程序列表框中选择"Microsoft Access Driver(.*mdb)"，然后单击"完成"按钮。

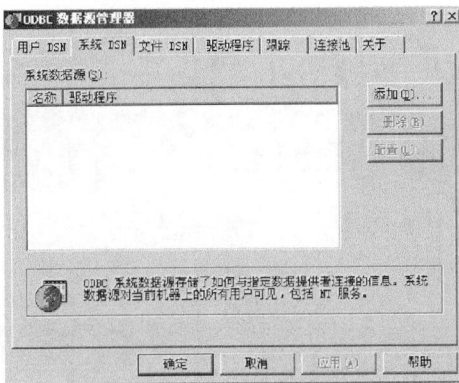

图 28-2　"系统 DNS"选项卡

图 28-3　"创建数据源"对话框

• 出现如图 28-4 所示的"ODBC Microsoft Access 安装"对话框。在"数据源名"文本框中输入"student"，在"说明"文本框中输入"访问 student 数据库的系统数据源"，然后单击 选择(S)... 按钮。

• 出现如图 28-5 所示的"选择数据库"对话框，选择 student 数据库后单击"确定"按钮。

创建好的系统数据源如图 28-6 所示。

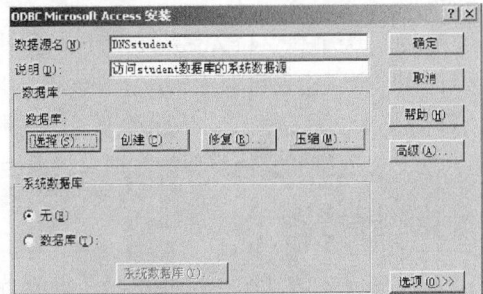

图 28-4　"ODBC Microsoft Access 安装"对话框

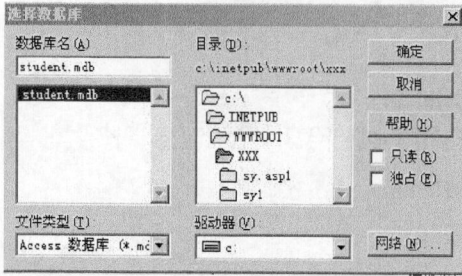

图 28-5　"选择数据库"对话框

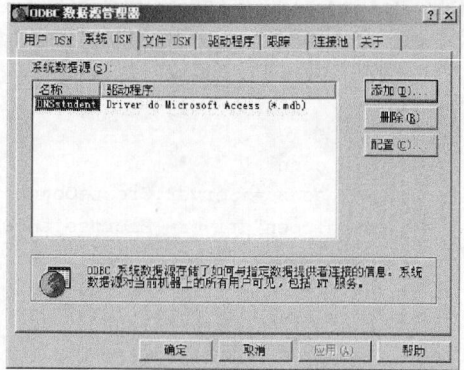

图 28-6　创建好的系统 DNS

② 在 ASP 网页中使用 DNS 连接数据库。

利用 FrontPage 或 Dreamweaver 设计一个名为 DNS.asp 的文件，代码如下：

```
<%@LANGUAGE="VBSCRIPT" CODEPAGE="936"%>
<html>
<head>
<meta http-equiv="Content-Type" content="text/html; charset=gb2312">
<title>通过 DSN 访问 Access 数据库</title>
</head>
<body>
<%
    dim conn
    Set conn = Server.CreateObject("ADODB.Connection")
    conn.Open "DSN=DSNDBSTUDENT"
    set rs= Server.CreateObject("ADODB.Recordset")
    conn.close
    set conn=nothing
 %>
<script language="VBscript">
    MsgBox "通过 DSN 访问 Access 数据库成功", , "成功提示"
 </script>
</body>
</html>
```

3. 问题解答

为什么 ADO 对象能准确地连接到指定的数据库，而不是其他数据库呢？

ASP 网页所在的 IIS 服务器和数据库所在的数据库服务器必须通过某种接口连接起来。在 IIS 服务器上有很多类型数据库的接口驱动程序，这些驱动程序的作用就是在底层建立和指定类型数据库的连接。

例如，为了建立和 Access 数据库的连接，就需要在 Connection 对象中指定 Access 数据库的驱动程序；为了建立和 SQL Server 2000 数据库的连接，就需要在 Connection 对象中指定 SQL Server 2000 数据库的驱动程序。依此类推，这就是 ASP 网页可以准确地按照设置的数据库类型进行连接，而不会连接到其他类型的数据库的原因。

4. 思考题

（1）为什么直接指定驱动程序和使用 DNS 的方法实质上是一致的？

（2）体会直接指定驱动程序和使用 DNS 两种方法的优点和缺点。

实验 29
ASP 组件

1. 实验目的

（1）熟悉并掌握对文件的读取、添加等操作。

（2）熟悉并掌握对文件、文件夹的复制、移动、删除等操作。

（3）熟悉并掌握广告轮显组件和文件超链接组件。

2. 实验内容

（1）文件存取组件。

文件存取组件的综合利用类似于资源管理器，可以将指定的文件夹下的文件和文件夹显示出来，并可以删除。

该实验共包括以下 3 个操作文件。

- index.asp：主文件。
- delete_file.asp：删除文件。
- delete_folder.asp：删除文件夹。

为了方便，我们把这 3 个文件及必需的图片文件保存在 xxx 文件夹下的 sy33 子文件夹中，并且建立一个示范文件夹"yswd"。

① 主文件 index.asp。

用 Dreamweaver 设计主文件 index.asp，其代码如下：

```
<html>
<head>
<title>查看所有子文件夹及子文件</title>
</head>
<body>
    <%
    '首先获取要指定的文件夹，如果第一次打开，则为"yswd"
    Dim strDir
     If Request.QueryString("strDir")="" then
    StrDir=Server.MapPath("yswd")
     else
     StrDir=Request.QueryString("strDir")
     end If
    Dim myfileObject
    set myfileObject=Server.CreateObject("Scripting.FileSystemObject")
```

```
Dim myfolder
set myfolder=myfileObject.Getfolder(strDir)
'显示父文件夹链接
if strDir<>Server.MapPath("yswd") then
Response.write"<img src='foler.gif'><a href='index.asp?strDir="&
myfolder.Parent folder&"'>..</a>"
response.write"<br>"
end if
'显示该文件夹下所有子文件夹的链接
Dim item
for each item in myfolder.SubFolders
Response.write"<img src='foler.gif'><a href='index.asp?strDir="&item.Path&
"'>"&item.Name&"</a>"
response.write"  <a href='delete_folder.asp?strfolder="&item.Path&"'
target='_blank'>删除</a>"
response.write"<br>"
Next
'显示该文件夹下所有子文件
for each item in myfolder.files
response.write"<img src='file.gif'>"&item.name
response.write"  <a href='delete_file.asp?strfile="&item.path&"'
target='_blank'>删除</a>"
Response.write"<br>"
Next
%>
</body>
</html>
```

② 删除文件 delete_file.asp。

用 Dreamweaver 设计主文件 delete_file.asp，其代码如下：

```
<html>
<head>
<title>删除指定文件夹</title>
</head>
<body>
    <%
    dim fileObject
    set fileObject=server.createObject("scripting.filesystemObject")
    dim sourcefile
    sourcefile=request.querystring("strfile")
    '删除文件
if fileObject.filexists(sourcefile)=true then
fileobject.deletefile sourcefile
end if
response.write"已经安全删除，请关闭本页面，请刷新主文件查看"
    %>
</body>
</html>
```

③ 删除文件夹 delete_folder.asp。

用 Dreamweaver 设计主文件 delete_folder.asp，其代码如下：

```
<html>
<head>
```

```
<title>删除指定文件</title>
</head>
<body>
      <%dim fileObject
      set fileObject=server.createObject("scripting.filesystemObject")
      dim sourcefile
      sourcefile=request.querystring("strfolder")'删除文件夹
      if fileObject.folderexists(sourcefolder)=true then
      fileobject.deletefolder sourcefolder
      end if
      response.write"已经安全删除，请关闭本页面，请刷新主文件查看"%>
</body>
</html>
```

④ 运行结果如图 29-1 所示。

（2）广告轮显组件。

可以使用广告轮显组件（Ad Rotate Component）来轻松制作交替变换广告 Web 页面，每一次当客户端进入该 Web 页面或者刷新该 Web 页面时，显现出来的广告信息都会是不同的。

要使用该组件，一般需要如下 3 个文件。

• 广告信息文本文件：记录所有广告信息的文本文件。

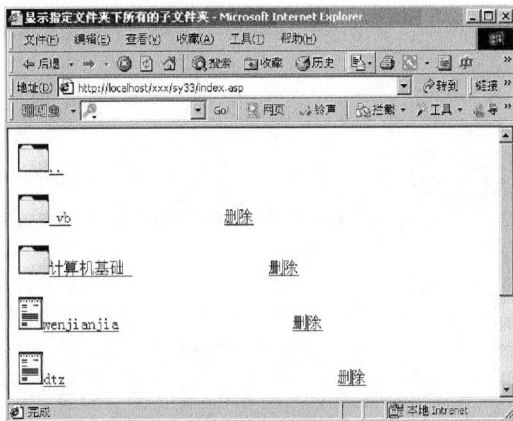

图 29-1 index.asp 的运行结果

• 超链接处理文件：引导客户到相应广告网页的 ASP 文件。

• 显示广告图片文件：就是放置广告图片的文件，如个人主页首页。

① 建立广告信息文本文件。

广告信息文本文件用来存放每个广告的图片路径、超链接网址、广告大小与连框大小等信息，当需要增删广告信息时，只要修改该文件即可，并且该文件的名字可以任意命名。

例如 adver.txt 文件：

```
REDIRECT 2.asp
WIDTH 440
HEIGHT 60
BORDER 1
*
edu.gif
http://www.edu.cn/
中国教育科研网
40

zgxxjsjyw.gif
http://www.nettime.net.cn/
中国信息技术教育网
30

zgjyxxw.gif
http://www.chinaedu.edu.cn/
中国教育信息网
20
```

② 建立超链接处理文件。

当客户端单击广告图片时，ASP 就会调用这个处理文件执行超链接的动作。这个处理文件比较简单，在程序中只要用一行语言来引导客户端浏览器进行超链接的动作即可。

最简单的超链接处理文件例如 2.asp：

```
2. asp 超链接处理文件
<%
response.redirect (request.querystring("url"))      '引导客户至相应网址
%>
```

③ 建立显示广告图片文件。

上面的两个文件建立好后，就可以在任意 ASP 文件中使用广告轮显组件显示广告图片。例如 3.asp：

```
3. asp    显示广告图片
<html>
<head>
        <title>显示广告图片示例</title>
</head>
<body>
        <h2 align="center">个人主页</h2>
        <p align="center">
    <%
        '这段语句显示广告图片
        Dim  ad
        Set ad=Server.CreateObject("MSWC.AdRotator")
        ad.border=1
        ad.Clickable=True
        ad.TargetFrame="target='_blank'"
        Response.Write Ad.GetAdvertisement("adver.txt")
    %>
</body>
</html>
```

④ 运行结果如图 29-2 至图 29-4 所示。

图 29-2　显示广告图片（1）

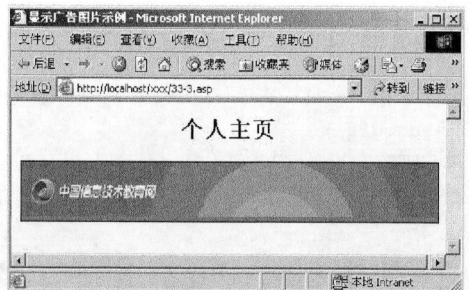

图 29-3　显示广告图片（2）

（3）文件超链接组件。

文件超链接组件的主要作用是建立易于维护的索引站点。首先应该将要建立索引的文件的路径存放到超链接数据文件内，然后通过文件超链接组件读取该超链接数据文件，并将所有文件显示出来。当需要修改时，只要修改超链接数据文件即可。

① 建立超链接数据文件。

超链接数据文件用于存放文件路径或网址和说明信息，当需要增删时，只要修改该文件即可，并且该文件的名字可以任意命名。

建立如下所示的超链接数据文件 link.txt。

www_1.htm：第一节　ASP 环境的配置。

www_2.htm：第二节　ASP 文件的测试。

www_3.htm：第三节　Javascript 脚本语言的使用。

② 建立显示文件。

上面的超链接数据文件建立后，就可以在 ASP 文件中显示索引了。

建立如下所示的显示文件 4.asp。

图 29-4　显示广告图片（3）

```
<html>
<head>
    <title>文件超链接组件应用示例</title>
</head>
<body>
    <h2 align="center">ASP 制作讲义</h2>
    <%
    Dim Link
    Dim I,Sum
    Set Link=Server.CreateObject("MSWC.nextlink")
    Sum=Link.GetListCount("link.txt")
    For I=1 to Sum
    %>
    <a href="<%=Link.GetNthURL("link.txt",I)%>"target="_blank">
    <%=Link.GetNthDescription("link.txt",I)%></a><br>
    <%Next%>
</body>
</html>
```

③ 运行结果如图 29-5 所示。

3. 问题解答

在使用广告轮显组件和文件超链接组件的时候，很多人都是将源代码原封不动地复制到自己的计算机上，可是却显示不出来预期的效果，请问是什么原因呢？

主要存在以下几个方面的原因：

- 不存在相关的图片或相关链接的文件；
- 图片或相关链接文件的路径设置有误；
- 在 HTML 中存在着语法错误。

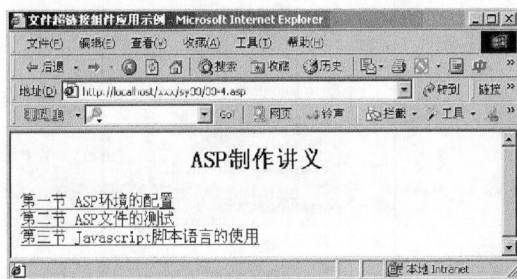

图 29-5　超链接数据显示文件

4. 思考题

（1）在新建文本文件时，扩展名是否一定要是.txt?

（2）如何实现文件或文件夹的改名？

实验 **30**
手机网站

1. 实验目的

（1）学会用 M-builder 建立手机网站。

（2）掌握图片、文字、超链接等对象的相关操作。

2. 实验内容

制作"皖君德茗茶"手机网站，该网站的首页如图 30-1 和图 30-2 所示。

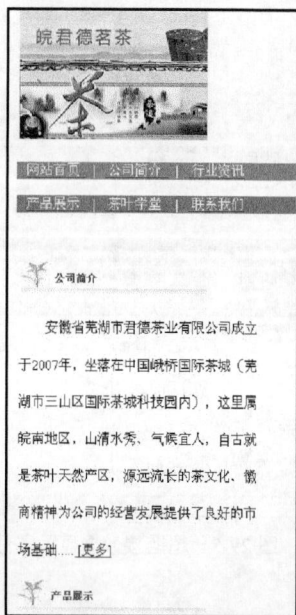

图 30-1　皖君德茗茶手机网站首页

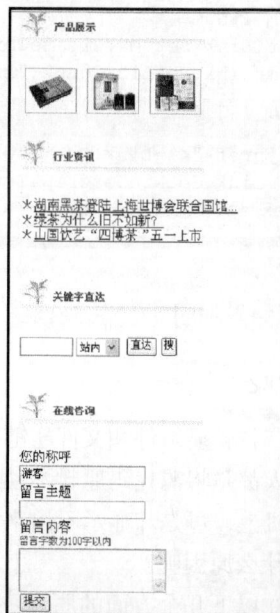

图 30-2　皖君德茗茶手机网站首页续

（1）安装 M-builder 平台。

① 安装该软件之前请先安装 JRE，即 JavaRuntimeEnvironment。最新的 JRE 安装包请从以下地址获取：http：//java.sun.com/javase/downloads/index.jsp。

② 安装 m-builder 专业版，按照安装提示安装即可。

（2）启动 M-builder。

① M-Builder 的启动。双击桌面上的"MBuilder 专业版"快捷方式图标![icon]，启动该软件，该软件的界面如图 30-3 所示。

② 在图 30-3 中选择创建一个"空白项目"，打开如图 30-4 所示的界面。

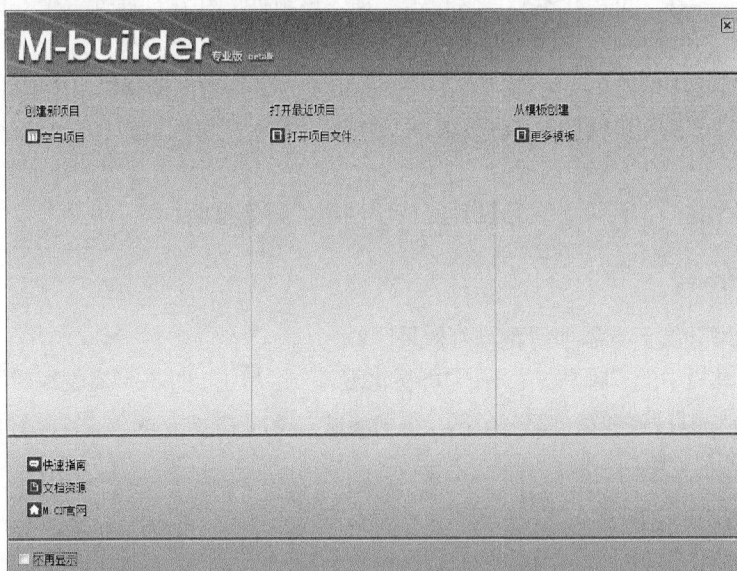

图 30-3　M-Builder 启动界面

（3）利用 M-builder 制作手机网站。

① 在图 30-4 中单击编辑区中的"首页"，开始设置首页页面。

② 在图 30-4 的工具栏中单击"图片"，插入"皖君德茗茶"图片，并在"属性编辑"框中设置图片的"图像资源"等属性。

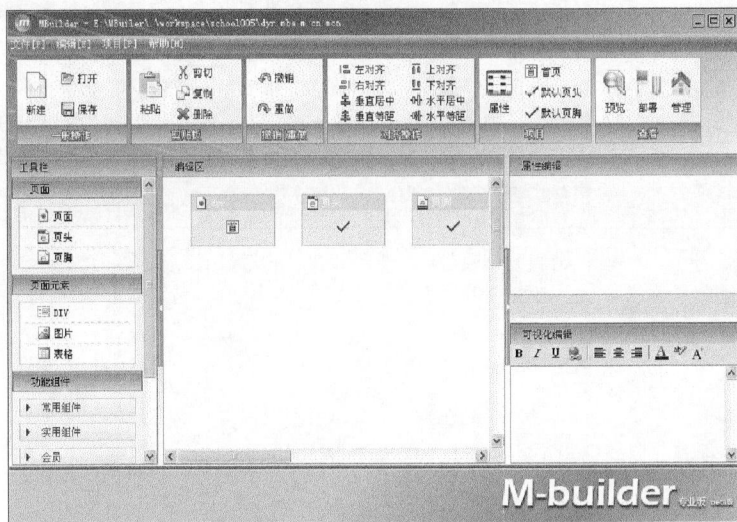

图 30-4　M-Builder 工作界面

③ 制作网站导航"网站首页、公司简介、行业资讯……"。在图 30-4 的工具栏中单击"DIV"，在 DIV 标签中书写导航文字，并在"可视化编辑"区对文字的颜色、字体、超链接等属性进行设置。

④ 在首页中利用插入图片和文字的方式完成图 30-1、图 30-2 中的"公司简介"、"产品展示"、"行业资讯"部分。

⑤ 制作图 30-2 中的"关键字直达"部分。在图 30-4 的工具栏中选择"功能组件"/"实用组件"/"直达搜索"，在"可视化编辑"区单击，插入该组件，并在"属性编辑"区对该组件的属性进行设置。

⑥ 制作图 30-2 中的"在线咨询"部分。在图 30-4 的工具栏中选择"功能组件"/"常用组件"/"留言板"，在"可视化编辑区"单击，插入该组件，并在"属性编辑区"对该组件的属性进行设置。

至此首页制作完毕，请读者自己设计完成该网站的其他页面。

3. 问题解答

如何在该网站导航上方添加"跑马灯效果"？

选中组件工具栏中的"跑马灯"，在"可视化编辑"区单击，并在"属性编辑"区中设置跑马灯的文字内容：产品订购热线：12345678，"滚动速度"：5，"滚动方式"：循环绕行，"滚动方向"：从左至右。

4. 思考题

（1）手机网站如何发布？

（2）站点管理和维护主要有哪些工作？

实验 31
网站测试

1. 实验目的

（1）掌握网页测试的方法。

（2）了解本地测试和远程测试。

（3）熟悉一种测试工具。

2. 实验内容

（1）本地网页测试。

打开 IE 浏览器，在地址栏输入已制作好的主页地址，浏览测试网页的显示情况，并检查各个链接是否正确跳转。

在不同的显示模式下重复以上步骤，进行网页测试。例如，分别调整显示模式为 800×600 像素、1024×678 像素、1280×1024 像素等，以及分别在增强色、真彩色等模式下进行测试。

使用 IE 浏览器不同的版本进行测试。

打开 Netscape Navigator 浏览器重复上述步骤进行测试。

提示：

在进行网页测试时，如果网页中没有受分辨率影响较大的内容，一般若能在最高分辨率和最低分辨率下正常显示，则在其他分辨率下也可以正常显示，即可减少测试工作量。同样，如果网页在较低版本的浏览器上能正常显示，一般在较高版本的浏览器上也会正常显示。

（2）远程测试网页。

可以在本地机上建立虚拟服务器的方法，进行远程网页测试的实验。

① 在浏览器地址栏输入网页的地址，利用浏览器浏览观察网页显示以及链接是否正常。

② 启动 Linkbot，界面如图 31-1 所示。

选择"文件"→"项目"→"新建"命令，或者单击工具栏最左边的"New Linkbot Project"按钮，在弹出的"新建项目"对话框中输入主页的地址，单击"OK"按钮开始测试工作。

③ 测试结束后，选择如图 31-1 所示界面中的各个选项卡观看测试结果，并根据测试结果修改有错误的网页。

提示：

Linkbot 软件是一款共享的免费软件，可以在提供免费下载的网站上下载。

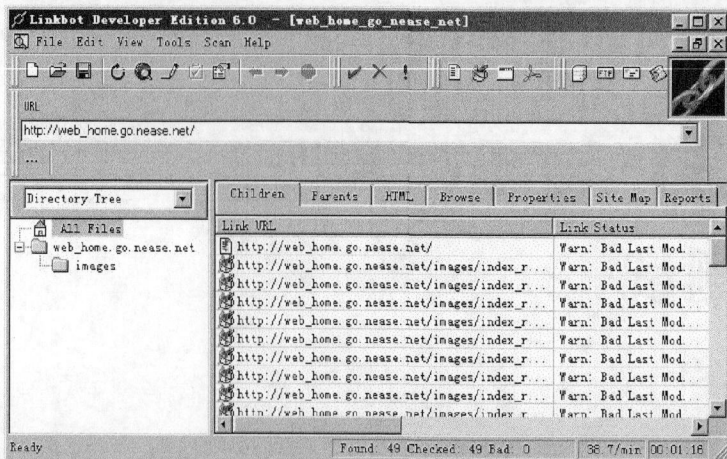

图 31-1　Linkbot 界面

3.　问题解答

（1）为什么网页上传后无法显示？

这有多种原因，对于初学者来说很多都是由一些简单的错误造成的。例如，主页的文件名一般应该为 index.htm，index.html 或 default.htm 等默认的文件名，并且应存放到根目录下；一般不要采用中文文件名，有的服务器上的操作系统不支持中文文件名；制作的链接应该使用相对路径，而不能使用绝对路径。注意检查各个细节问题，逐渐会积累出一些经验。

（2）网页上的图片为什么显示不出来？

可能是由于存放图片的实际地址与制作页面时填写的链接地址不一致，这时可以重新上载图片放到正确的位置或修改链接地址。图片文件名与制作的链接文件名不一致时也会出现这种情况，仔细检查修改正确即可。还有尽量使所有文件名都使用小写字母，有的网站服务器设置的是文件名大小写敏感的。

（3）测试软件有哪些？

测试软件种类较多，有负载和性能测试工具、链接测试工具、HTML 合法性检查工具、网站安全测试工具、外部网站监视服务等。

（4）Linkbot 的测试内容有哪些？

Linkbot 提供的信息包括错误的链接（Broken Links）、包含错误链接的页面（Broken Anchors）、最近更新的页面（New pages）、过大的网页（Slow Pages）、存放时间过长的网页（Old pages）、未定义属性（Missing Attributes）等，以及一些网站统计信息（Site Statistics），如 HTML 文件、图像文件、视频文件、音频文件的数量等。

4.　思考题

（1）本地测试和远程测试有什么区别？

（2）对于大型网站应该使用怎样的测试方法？

实验 32
免费网页空间的申请与网站的发布

1. 实验目的

（1）熟悉免费网页空间的申请方法。

（2）掌握网站的发布方法。

2. 实验内容

（1）申请免费网页空间。

现在虽然网络上提供免费网页空间的网站比较多，但由于是免费提供使用的，主要目的是供学习网页制作爱好者学习使用，因此大多数都有一些限制，如不提供 CGI、ASP、JSP 等服务；有些网站具有时效性，只提供一定时间的免费试用。因此，在申请免费网页空间前需要到 Internet 上搜索当前提供免费网页空间，而且其性能符合我们要求的网站。

① 在 Internet 上搜索提供免费网页空间的网站，并了解其性能参数，如空间大小、上传方式、上传速度、流量限制、页面限制，提供怎样的域名，是否提供 FTP 上传等，同时了解是否提供流量统计、服务器日志、免费留言本、免费二级域名等辅助功能。

本次实验要求选择的提供免费网页空间的网站能够支持 ASP 和数据库服务，能够提供 FTP 上传，网页空间大小应该能够满足我们制作好的网站。

提示：

免费网页空间一般只供学习或者个人爱好者使用，而提供空间的网站 IP 有时也会改变，因此在使用时需要临时搜索。

② 按照该网站的提示，申请免费空间。

图 32-1 所示为某网站申请免费空间时需要填写的注册信息。申请成功后，注意记录用户名、密码，提供给我们网站的地址，FTP 上传地址和密码等信息。

如果申请得到的免费空间的网址不好记，可以进一步申请一个免费二级域名。

提示：

不同的网站注册方法也不尽相同，有的网站只提供部分免费功能，注册时需要注意阅读清楚其服务条款。免费的二级域名和免费网页空间可以使用不同网站提供的服务。

（2）上传网站。

网站上传有多种方式，根据网站性质、规模、服务器特性等不同而选择不同的上传方式。本次实验采用 FTP 上传到免费空间的方式。

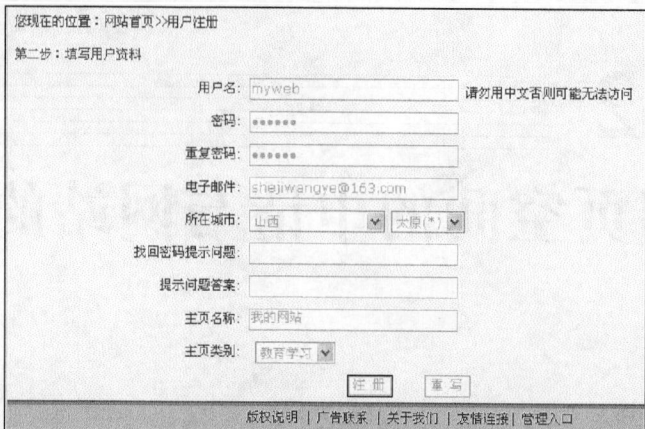

图 32-1　申请免费空间的注册信息

① 打开 CuteFTP，界面如图 32-2 所示，选择"文件"→"站点管理器"命令，在弹出的"站点管理器"对话框中单击左下角的"新建"按钮，如图 32-3 所示，分别填入"站点标签"、"FTP 主机地址"、"FTP 站点用户名称"、"FTP 站点密码"、"FTP 站点连接端口"等信息，单击"连接"按钮即可连接到我们刚才申请的免费空间的 FTP 地址。

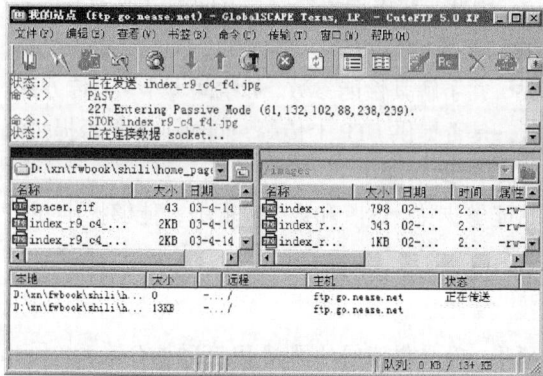

图 32-2　使用 CuteFTP 上传站点

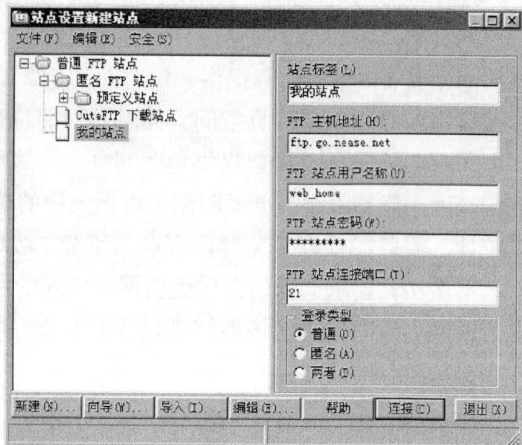

图 32-3　新建站点

提示：

"FTP 主机地址"等信息是在申请免费网页空间成功后得到的，"FTP 站点连接端口"一般填写默认的 21 即可。

② 建立连接后，在如图 32-2 所示窗口的右窗格中显示的就是申请的免费网站空间，在左窗格中找到在本地机上制作好的网站，将它们选中拖到右窗格即可，这时在下面的小窗口中即显示上传状态。

提示：

CuteFTP 是一款共享软件，可以到提供免费软件下载的网站上寻找下载，类似的共享或免费软件还有 FlashFXP，SmartFTP，LeapFTP 等。

3.　问题解答

（1）免费网页空间有哪些限制？

免费网页空间一般都有各种限制，如限制网页空间大小、限制上传文件大小、限制上传速度、限制每月的流量、限制刷新速度等，有的网站不提供 CGI，PHP，ASP，JSP 以及数据库等服务，有的网站还要强行添加广告，一些不添加广告的网站，每天的注册数量又有限制等。

（2）用 FTP 上传文件有哪些优点？

FTP 是 File Transfer Protocol（文件传输协议）的缩写，FTP 传输文件是互联网上传输文件的一种主要方法，其优点是速度快、安全，比一般的 Email，HTTP 上传方式要便捷得多。

4.　思考题

（1）网站的发布有哪些方法？

（2）申请免费网页空间有哪些步骤？

（3）如何申请免费的二级域名？

实验 33
网站的宣传与维护

1. 实验目的

（1）了解网站宣传的各种方法，掌握注册搜索引擎的方法。

（2）掌握网站维护的基本方法。

2. 实验内容

（1）了解宣传网站的方法，为自己的网站制订一套宣传方案。

宣传网站可以使用传统媒体和网络媒体，传统媒体有报纸、广播、电视、宣传单广告等，网络媒体有搜索引擎、网络广告、友情链接等。网站的宣传应该根据自己网站的定位，合理选择适合自己的宣传方式。根据有关数据显示，人们获知新网站最有效的途径是通过搜索引擎得到的，因此，注册搜索引擎是推广网站的重要方法之一。

（2）注册纯技术型的全文检索搜索引擎。

从搜索引擎的工作原理来区分，搜索引擎可分为两种基本类型，一类是纯技术型的全文检索搜索引擎，另一类是分类目录型搜索引擎。

纯技术型的全文检索搜索引擎不需要自己注册，只要网站被其他已经被搜索引擎收录的网站链接，搜索引擎即可发现并收录该网站。但是，如果网站没有被链接，或者希望我们的网站尽快被搜索引擎收录，那就需要自己提交网站。

一般情况下，在这种类型的搜索引擎进行注册提交时，只需要提交网址和电子邮件即可，或者只要求提交网址。常用的纯技术型的全文检索搜索引擎的注册网址如下：

- http://www.baidu.com/search/url_submit.html（百度）;
- http://www.google.com/addurl.html（google，谷歌）。

为了让搜索引擎尽快找到我们的网站，而且排名靠前，可以调整网页 HTML 代码中的 Title 标记和 Meta 标记。

提示：

设置 HTML 代码中的 Title 标记和 Meta 标记，看似小问题，却是搜索引擎寻找和登记网站的重要依据，这需要一定的经验和技巧，如网站标题应该既能反映网站的主要内容和特色，还应多加一些相关词语，Meta 标记的 Keywords 属性可以使用长关键字、组合关键字等。但是也不能过分使用技巧，因为搜索引擎技术也在不断地发展，有些和网页内容不相关的标记属性会被识别为作弊行为。所以，关键还是要做好网站，充实网站的内容。

（3）注册分类目录型搜索引擎。

常用的分类目录型搜索引擎注册网址如下：

- http://misc.yahoo.com.cn/search_submit.html（雅虎）；
- http://add.sohu.com/（搜狐）。

注册分类目录型搜索引擎一般都需要登记网站名称、网站分类、网站描述等，如图 33-1 所示。同样，网站名称、网站描述等都应该好好斟酌好后，再进行登记，这些都会影响到网站被搜索到的排名。

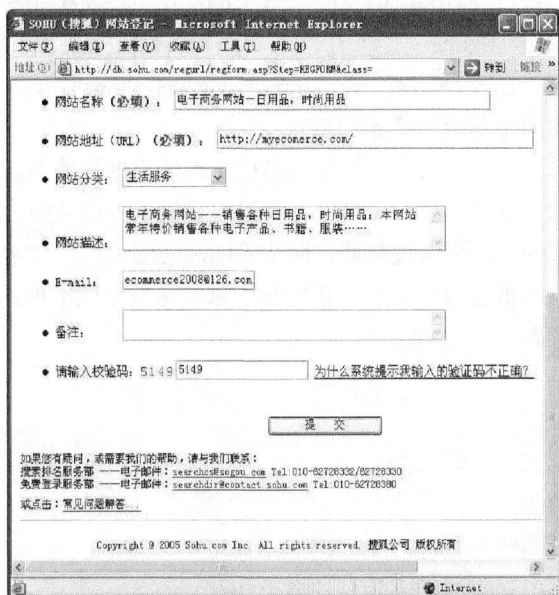

图 33-1　搜狐搜索引擎的注册登记信息

进入注册搜狐搜索引擎的界面后，选择"免费登录"，登入网站名称和网址后，即进入如图 33-1 所示的注册页面，填写其中要求的信息后，单击"提交"按钮即可。

提示：

网站名称、网站分类、网站描述等信息应该先在纸上进行罗列、提炼、对比、分析，确定好后再上网注册提交，否则提交后是不允许修改的，二次提交有时也会被认为是作弊行为。

（4）交换友情链接。

在互联网上寻找和自己制作的网站类似的网站，登录后寻找那些网站的友情链接，和它们交换自己的友情链接网址。

提示：

交换友情链接也是宣传网站的一个重要手段。交换过程是：先在自己的网站上添加对方的链接，并且在对方网站上留言要求对方添加链接自己的网址。但是对方添加我们的网址可能是在几天以后，而且有时还会删除我们网站的链接，这需要我们在维护自己网站的过程中，经常去查看友情链接的网站是否还保留有我们网站的链接。

（5）维护网站。

分析总结维护网站的方法，包括硬件维护、性能优化、网页更新、软件的更新维护、防毒杀毒等，对于动态网站还有处理用户留言、论坛管理等。

3. 问题解答

（1）目前有哪些常用的搜索引擎？

目前常用的搜索引擎主要有：Google 搜索引擎（http://www.google.com/）、百度中文搜索引擎（http://www.baidu.com/）、新浪搜索引擎（http://search.sina.com.cn/）、雅虎搜索引擎（http://www.yahoo.com/）、搜狐搜索引擎（http://www.sohu.com/）、网易搜索引擎（http://search.163.com/）、3721 网络实名/智能搜索（http://www.3721.com/）、AltaVista 搜索引擎（http://www.altavista.com/）、Excite 搜索引擎（http://www.excite.com/）、InfoSeek 搜索引擎（http://www.infoseek.com）、Lycos 搜索引擎（http://www.lycos.com）等。

（2）如何知道自己的网站是否被搜索引擎收录？

这只有登录该搜索引擎，并输入我们网站的名称、地址等进行搜索。在搜索引擎注册登记后一般三五天或更长时间后才会被收录，但是也有大量的登记是不成功的。不成功的原因有：使用框架，图片太多，文本太少，提交太过频繁，网站关键词密度太大，文本颜色跟背景色彩一样，网页没有独立 IP 地址等。有的搜索引擎还会拒绝索引来自免费空间的网站。要想成功注册搜索引擎，还需要多摸索、多实践。

4. 思考题

（1）目前的搜索引擎主要有哪几类？
（2）网站的宣传有哪些方法？
（3）网站维护主要有哪些内容？
（4）静态和动态网页内容更新的方法有什么不同？

实验 34
网站服务器日志分析

1. 实验目的

（1）熟悉网站服务器的维护方法。

（2）掌握网站服务器的日志分析方法。

2. 实验内容

本实验要求在 Microsoft Windows 2000 Server 下进行服务器的日志分析。

（1）启用服务器日志。

在服务器上启动 IIS，打开"Web 站点属性"对话框，如图 34-1 所示。在"Web 站点"选项卡下，选择"启用日志记录"复选框，即可启用服务器日志。

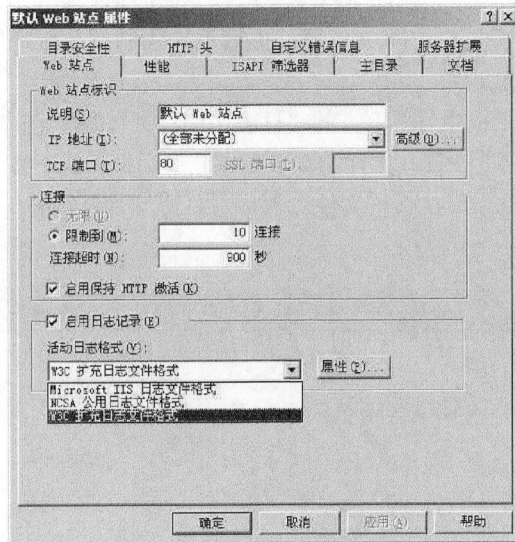

图 34-1　IIS 下启用日志记录

（2）设置服务器日志属性。

在图 34-1 所示对话框的"活动日志格式"下拉列表中选择"W3C 扩充日志文件格式"，并单击旁边的"属性"按钮，在打开的如图 34-2 和图 34-3 所示的对话框中，即可设置其常规属性和扩充的属性。

（3）对服务器日志进行分析。

完成以上步骤后，可以模拟在几个客户端浏览访问自己的网站，然后再到服务器端提取日志文件进行分析。

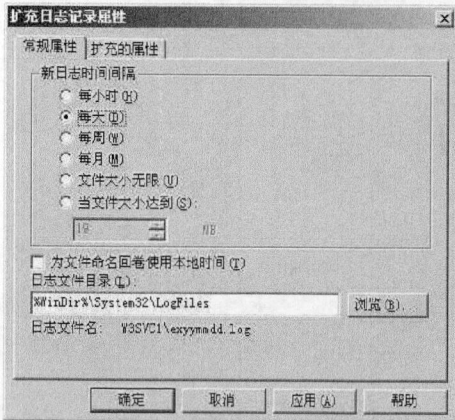

图 34-2 扩充日志记录常规属性

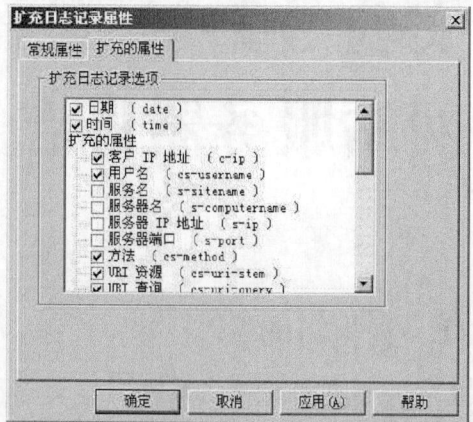

图 34-3 扩充日志记录扩充属性

3. 问题解答

（1）日志文件有什么作用？

网站服务器日志记录了 Web 服务器接收处理请求以及运行时错误等各种原始信息，例如，在什么时刻、什么样的 IP 地址访问了我们的网站，主要浏览了哪些网页，停留了多长时间等。通过对日志进行统计、分析、综合，就能有效地掌握服务器的运行状况及网站内容的受访问情况，发现和排除错误原因，了解客户访问分布等，更好地加强网站系统的维护和管理。

（2）在哪里能找到日志文件？

在如图 34-2 所示的对话框中，其下方的“日志文件目录”即指定了日志文件存放的位置，单击旁边的“浏览”按钮可以更改日志文件的存放位置。对话框的最下方还说明了日志文件的文件名，这样就可以定期到该目录下找到该文件，然后对日志文件进行分析。

4. 思考题

（1）网站服务器日志的格式有哪几种？有什么区别？

（2）如何启用服务器日志？

（3）W3C 扩充日志文件格式中各项目的含义是什么？

第2部分 设计实例

实例 1
网站建设

1. 如何设计网站

在制作网站、设计网页之前首先要弄清楚网页设计的任务，尽管这部分内容在教材中已有较细的叙述，这里将进一步综述，以便结合实例深刻领会。

（1）设计的任务。

设计是一种审美活动，成功的设计作品一般都很艺术化。网页设计的任务，是指设计者要表现的主题和要实现的功能。站点的性质不同，设计的任务也不同。从形式上，可以将站点分为以下3类。

第1类是资讯类站点，如新浪、网易、搜狐等门户网站。这类站点将向访问者提供大量的信息，而且访问量较大，因此需注意页面的分割、结构的合理、页面的优化、界面的亲和等问题。

第2类是资讯和形象相结合的网站，如一些较大的公司、国内的高校等网站。这类网站在设计上要求较高，既要保证资讯类网站的上述要求，同时又要突出企业、单位的形象。

第3类是形象类网站，如一些中、小型的公司或单位。这类网站一般较小，有的则只有几页，需要实现的功能也较为简单，网页设计的主要任务是突出企业形象。这类网站对设计者的美工水平要求较高。

当然，这只是从整体上来看，具体情况还要具体分析，不同的站点还要区别对待。还有最重要的一点，就是客户的要求，它也属于设计的任务。明确了设计的任务之后，接下来就是如何完成这个任务了。

（2）设计的实现。

设计的实现可以分为两部分：第1部分为站点的规划及草图的绘制，这一部分可以在纸上完成；第2部分为网页的制作，这一过程是在计算机上完成的。

设计首页的第一步是设计版面布局。可以将网页看做传统的报刊杂志来编辑，这里面有文字、图像乃至动画，设计者要做的工作就是以最适合的方式将图片和文字排放在页面的不同位置。

除了要有一台配置不错的计算机外，软件也是必需的。不能简单地说一款软件的好坏，只要是设计者使用起来觉得方便而且能得心应手的，就可以称为好软件。当然，它应该能满足设计者的要求。设计者要做的就是通过软件的使用，将设计的蓝图变为现实，最终的集成一般是在

Dreamweaver 里完成的。虽然在草图上已定出了页面的大体轮廓，但是灵感一般都是在制作过程中产生的。设计作品一定要有创意，这是最基本的要求，没有创意的设计是失败的。在网页制作的过程中会遇到许多问题，其中最敏感的莫过于页面的颜色。

（3）色彩的运用。

色彩是美丽而丰富的，它能唤起人类的心灵感知。一般来说，红色是火的颜色，象征热情、奔放，也是血的颜色，可以象征生命；黄色是明度最高的颜色，显得华丽、高贵、明快；绿色是大自然草木的颜色，意味着纯自然和生长，象征安宁、和平与安全；紫色是高贵的象征，有庄重感；白色能给人以纯洁与清白的感觉，表示和平与圣洁。

但颜色的使用并没有一定的法则，如果一定要用某个法则去套，效果只会适得其反。经验上可以先确定一种能表现主题的主体色，然后根据具体的需要，应用颜色的近似和对比来完成整个页面的配色方案。整个页面在视觉上应是一个整体，以达到和谐、悦目的视觉效果。

（4）造型的组合。

在网页设计中，主要通过视觉传达来表现主题。在视觉传达中，造型是很重要的一个元素。抛去是图还是文字的问题，画面上的所有元素可以统一作为画面的基本构成要素——点、线、面来进行处理。在一幅成功的作品里，是需要点、线、面的共同组合与搭配来构造整个页面的。

通常可以使用的组合手法有秩序、比例、均衡、对称、连续、间隔、重叠、反复、交叉、节奏、韵律、归纳、变异、特写、反射等，它们都有各自的特点。在设计中应根据具体情况，选择最适合的表现手法，这样有利于主题的表现。

通过点、线、面的组合，可以突出页面上的重要元素，突出设计的主题，增强美感，让观者在感受美的过程中领会设计的主题，从而实现设计的任务。

造型的巧妙运用不仅能带来极大的美感，而且能较好地突出企业形象，而且能将网页上的各种元素有机地组织起来，甚至还可以引导观者的视线。

（5）设计的原则。

设计是有原则的，无论使用何种手法对画面中的元素进行组合，都一定要遵循五大原则：统一、连贯、分割、对比及和谐。

统一，是指设计作品的整体性、一致性。设计作品的整体效果是至关重要的，在设计中切勿将各组成部分孤立分散，这样会使画面呈现出一种枝蔓纷杂的凌乱效果。

连贯，是指要注意页面的相互关系。设计中应利用各组成部分在内容上的内在联系和表现形式上的相互呼应，并注意整个页面设计风格的一致性，实现视觉上和心理上的连贯，使整个页面设计的各个部分极为融洽，犹如一气呵成。

分割，是指将页面分成若干小块，小块之间有视觉上的不同，这样可以使观者一目了然。在信息量很多时为使观者能够看清楚，就要注意到将画面进行有效的分割。分割不仅是表现形式的需要，换个角度来讲，分割也可以被视为是对于页面内容的一种分类归纳。

对比，就是通过矛盾和冲突，使设计更加富有生气。对比手法很多，如多与少、曲与直、强与弱、长与短、粗与细、疏与密、虚与实、主与次、黑与白、动与静、美与丑、聚与散等。在使用对比的时候应慎重，对比过强容易破坏美感，影响统一。

和谐，是指整个页面符合美的法则，浑然一体。如果一件设计作品仅仅是色彩、形状、线条等的随意混合，那么作品不但没有"生命感"，而且也根本无法实现视觉设计的传达功能。和谐不仅要看结构形式，而且要看作品所形成的视觉效果能否与人的视觉感受形成一种沟通，产生心灵的共鸣。这是设计能否成功的关键。

（6）网页的优化。

在网页设计中，网页的优化是较为重要的一个环节。它的成功与否会影响页面的浏览速度和页面的适应性，影响观者对网站的印象。

在资讯类网站中，文字是页面中最大的构成元素，因此字体的优化显得尤为重要。使用 CSS 样式表指定文字的样式是必要的，通常将字体指定为宋体，大小指定为 12px，颜色要视背景色而定，原则上以能看清且与整个页面搭配和谐为准。在白色的背景上，一般使用黑色，这样不易产生视觉疲劳，能保证浏览者较长时间地浏览网页。

图片是网页中的重要元素。图片的优化是指在保证浏览质量的前提下将其 size 降至最低，这样可以成倍地提高网页的下载速度。利用 Photoshop 或 Fireworks 可以将图片切成小块，分别进行优化，输出的格式可以为 GIF 或 JPEG，要视具体情况而定。一般把有颜色变化较为复杂的小块优化为 JPEG，而把那种只有单纯色块的卡通画式的小块优化为 GIF，这是由这两种格式的特点决定的。

表格（Table）是页面中的重要元素，是页面排版的主要手段。我们可以设定表格的宽度、高度、边框、背景色、对齐方式等参数。在很多时候，将表格的边框设为 0，以此来定位页面中的元素，或者籍此确定页面中各元素的相对位置。浏览器在读取网页 HTML 原代码时，是读完整个 Table 才将它显示出来的。如果一个大表格中含有多个子表格，必须等大表格读完，才能将子表格一起显示出来。在访问一些站点时，等待多时无结果，按"停止"按钮却一下显示出页面就是这个原因。因此，在设计页面表格的时候，应该尽量避免将所有元素嵌套在一个表格里，而且表格嵌套层次尽量要少。在使用 Dreamweaver 制作网页时，会自动在每一个 td 内添加一个空字符" "。如果单元格内没有填充其他元素，这个空字符会保留，在指定 td 的宽度或高度后，可以在源代码内将其删去。

网页的适应性是很重要的，在不同的系统中，不同的分辨率下，不同的浏览器上，将会看到不同的结果，因此设计时要统筹考虑。我们一般在 800×600 像素的分辨率下制作网页，最佳浏览效果也是在 800×600 像素的分辨率下，在其他情况下只要保证基本一致，不出现较大问题即可。

2. 筹划网站的准备工作

网站的准备工作包括以下内容。

（1）决定网站主题。

（2）计划发布的内容。

（3）想好网站的风格。

（4）准备和收集素材。

（5）设计一个网站的徽标。

3. 定义站点

定义站点的操作步骤如下。

（1）启动 Dreamweaver CS5。

（2）关闭自动打开的"无标题文档"。

（3）选择"站点"→"新建站点"命令，如图 1-1 所示。

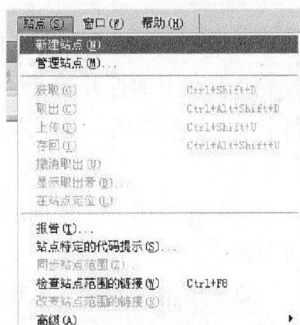

图 1-1　新建站点

（4）在出现的"未命名站点 1 的站点定义为"对话框中，选择"高级"选项卡，在"站点名称"中输入"网络中心"，在"本地根文件夹"一栏中输入想使用的文件夹，这里输入的是"E:\

网络中心"，或者单击右侧的文件夹按钮进行选择（同时可以新建），在"默认图像文件夹"文本框中输入或选择相应的文件夹，如图1-2所示。

（5）单击"确认"按钮，回到主界面。

（6）在主界面右侧的"站点"选项卡中的"站点—网络中心……"上单击鼠标右键，在快捷菜单中选择"新建文件夹"命令，建立"sound"，"flash"和"other"3个文件夹，分别用来存放声音、动画和其他信息，并新建一文件，改名为"index.htm"，如图1-3所示，作为要建立的站点的主页。

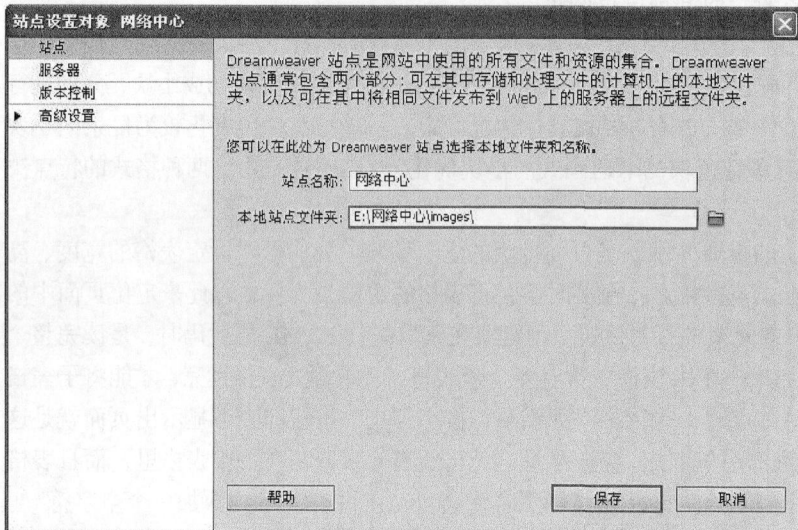

图1-2　定义站点

图1-3　编辑站点

（7）双击"index.thm"，进入主页面的编辑。

提示：

（1）sound，image，other和flash这几个文件夹最好建立在一个文件夹下，此处是建立在"网络中心"文件夹下，这对于以后建立超链接、上传站点都有很大的好处。

（2）虽然Dreamweaver支持中文文件名，但在使用中文时还是会出现一些意想不到的错误，所以使用时还应尽量使用英文文件名。

4. 制作首页

制作首页的操作步骤如下。

（1）在上面打开的"index.htm"文件中的空白页面中单击鼠标右键，在快捷菜单中选择"页面属性"命令。

（2）在弹出的"页面属性"对话框中，各个参数的设置如图1-4所示。

（3）单击"确定"按钮，回到主页面。

图1-4　"页面属性"对话框

提示：

在普通设计中，页面元素定位使用的是无边框的表格，一般效果都还不错，还可以使用层来定位，不过这里还是使用表格。

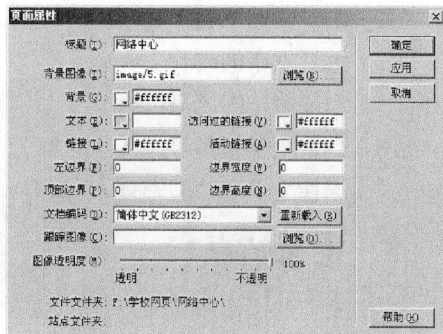

（4）为了方便网页的排版布局，可以先做一个大的表格，网页中的各种元素都放在这个表格里。表格 1 的各项属性设置如图 1-5 所示。

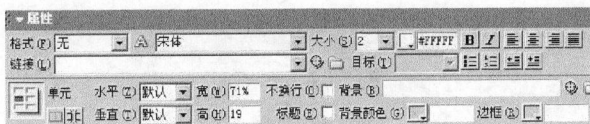

图 1-5 表格 1 属性

（5）然后再在表格中嵌入一表格，表格 2 的各项属性设置如图 1-6 所示。

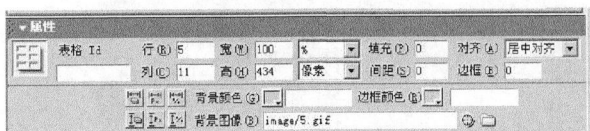

图 1-6 表格 2 属性

注意：

在这里第 1 行用于放置网页的标题和标志，应尽量做到醒目和突出。

（6）然后在第 1 行执行合并单元格操作，使其成为 3 列，调整行和各列的大小，设置"背景颜色"为"336699"，放入相应的图片和动画，结果如图 1-7 所示。

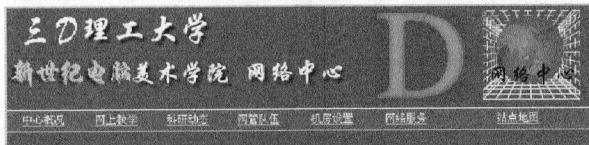

图 1-7 标题

提示：

图 1-7 中的字其实是图片，可以使用其他软件制作好字并存为图片，然后插入。

（7）设置其余各行与列，安排图像与文字的位置，标题下面是菜单，用于各个网页间的导航。再在这个表格下插入一个新的表格，在其中放置一些到其他网站的超链接等信息，最终效果如图 1-8 所示。

（8）主页到此基本制作完毕，进行预览并保存。

提示：

主页面中的内容通常不是一个系列的，因此需要分类，此时单元格背景色就给分类带来了很大方便。

5. 制作模板

有了一个成功的首页，网站也就成功了一半，接下来就应用心制作网站中的其他网页。

一个网站中各个页面保持一致或近似的风格很重要，只有这样才能给用户留下鲜明而不混乱的印象。而且风格一致对网页的制作也有利，如 Dreamweaver 中提供了模板功能，能够让设计者像用模子浇铸一样制作许多风格基本一致而内容不同的网页，下面具体介绍。

（1）在站点窗口中按照需要新建一些文件夹，文件夹名最好能代表里面的内容，如图 1-9 所示。

图 1-8　主页面最终效果

（2）制作模板页。选择"文件"→"新建"命令，再依次选择"模板页"→"HTML 模板"，确定后即可进入编辑模板，可以像编辑正常网页一样编辑它。

（3）添加可编辑区域。将光标放在或选择需要添加可编辑区域的地方，选择"插入"→"模板对象"→"可编辑区域"命令，弹出"新建可编辑区域"对话框，如图 1-10 所示。

（4）在"名称"文本框中为该区域输入唯一的名称（不能对特定模板中的多个可编辑区域使用相同的名称）。

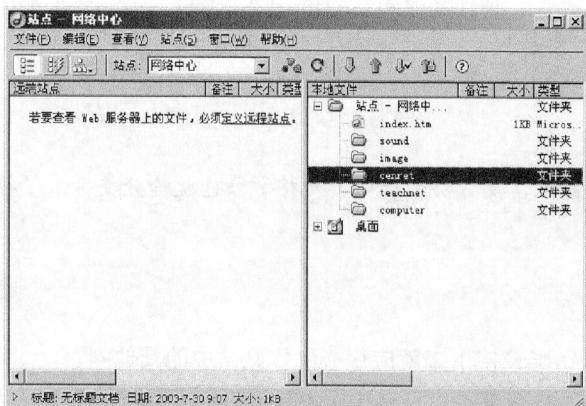

图 1-9　站点地图

图 1-10　"新建可编辑区域"对话框

（5）生成模板的另一种方法是：选择"文件"→"另存为模板"命令。

6.　模板生成新页面

（1）选择"模板"→"模板"→"套用模板到页"命令。

（2）在"选择模板"对话框中选择模板。

（3）单击"确定"按钮即可。

7.　整理站点

网页在制作完后往往不能马上发布，还需要检验一下网页之间的链接是否正确，文件是否冗余等，有的还需要掌握整个站点的结构以备以后的修改。可按如下步骤检查。

（1）选择"站点"→"站点地图"命令，将会看到整个站点的结构。

（2）检查超链接情况，选择"文件"→"检查页"→"检查链接"命令，即可打开"检查链接"对话框，如图 1-11 所示。

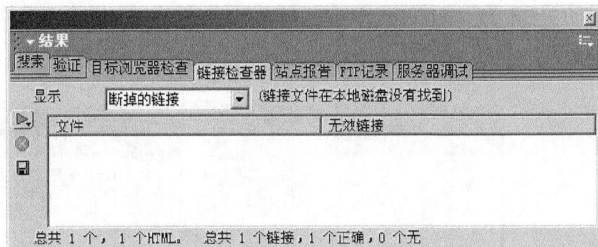

图 1-11　"检查链接"对话框

至此网站的制作基本结束，可以在浏览器中看到它的最终效果。

8.　站点的上传与发布

网站最终需发布到互联网上去，这里建议使用 LeapFTP 来进行上传。下面介绍它的具体用法。

（1）启动 LeapFTP。

（2）在软件界面上方的"FTP"、"Server"栏中输入所申请的站点，在"User"栏中输入自己的用户名，在"Pass"栏中输入正确的密码，单击左上角的"发送"按钮进行连接。

（3）连接成功后，界面右端就出现服务器端目录结构与文件内容，此时只要把左侧本地栏中自己用来存放站点的界面目录拖动至右侧，LeapFTP 便会自动完成整个目录的传送。

提示：
实际上 Dreamweaver 也有远程服务器管理功能，也能进行 FTP 上传，但是它不支持断点续传。

实例 2
发布系统

（1）启动 Dreamweaver CS5，选择"站点"→"新建站点"命令新建一个站点，如图 2-1 所示。

（2）在"news 的站点定义为"对话框中选择"高级"选项卡，在"分类"列表框中选择"本站信息"，设置站点名称（news）和"本地根文件夹"（e:\news），如图 2-2 所示。

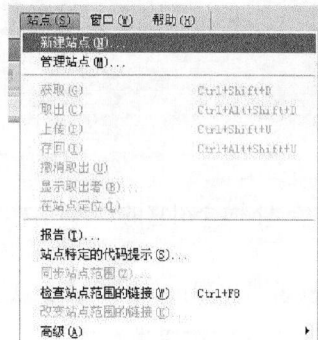

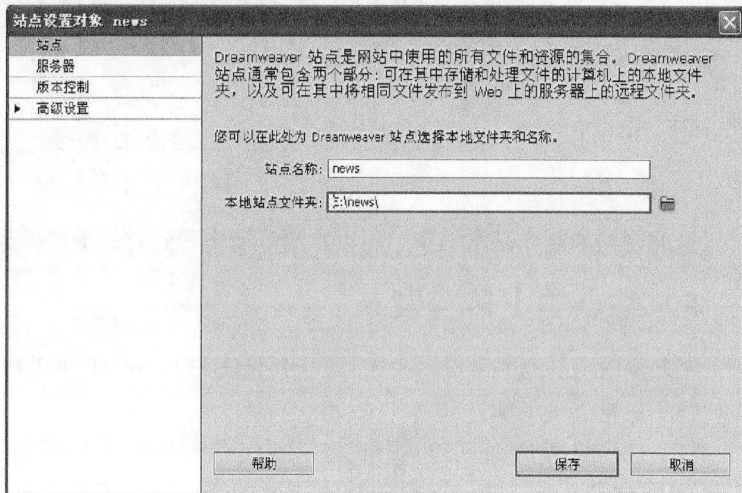

图 2-1　新建站点   图 2-2　设置本地信息

在"分类"列表框中选择"服务器"，单击左下角的"+"按钮添加服务器，在"服务器名称"文本框中输入"Web 服务器"，在"连接方法"下拉列表中选择"本地/网络"，在"服务器文件夹"文本框中输入"E:\news"，在"Web URL"文本框中输入"http://localhost/news/"，如图 2-3 所示。

单击"保存"按钮即完成站点定义。

（3）下面进行准备工作，新建几个页面，分别取名如下。

index.asp：新闻系统首页，用于显示新闻列表。

new.asp：发布新闻页（添加新闻页）。

cont.asp：后台控制页。

edit.asp：对一些出错新闻内容进行编辑的页面。

del.asp：对一些出错新闻内容直接删除。

login.asp：上面所说的发布、编辑、删除新闻等操作都应只有站长才有权力执行，站长通过这个页面来登录管理新闻发布系统。

sorry.asp：登录不正确的时候所返回的页面。

play.asp：新闻内容显示的页面。

数据库方面需要用到两个表，如图 2-4 所示。其中表 admin 用于存放超级用户的姓名及密码，表 news 用于存放发布新闻的相关信息，在后面会详细讲解。

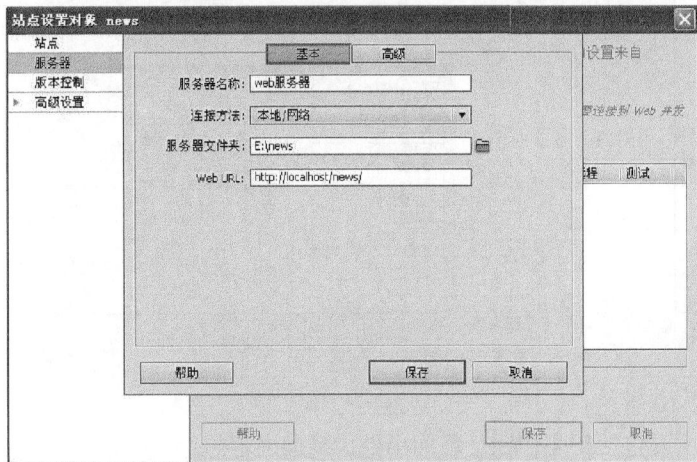

图 2-3　设置服务器属性

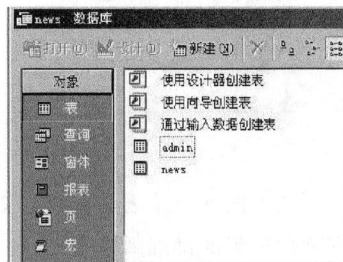

图 2-4　数据库

在表 admin 里新建两个字段，即 name 和 pass，数据类型都设为文本，如图 2-5 所示。（4）表 news 如图 2-6 所示。

图 2-5　表 admin

图 2-6　表 news

（5）ID 为存放新闻内容的关键字段，因为它的作用很多，把它的数据类型设为自动编号，并把它设置为主键，即在该字段上单击鼠标右键，在快捷菜单中选择"主键"命令，如图 2-7 所示。

（6）title 为新闻的标题。cont 中存放的是新闻内容，由于文本数据类型最多只能存放 255 个字符，对新闻内容来讲可能不够，所以这里要把它设置成备注类型，最多可以存放 65 535 个字符。come 为新闻的出处（即新闻摘自哪里）。txtime 为提交新闻的时间，这里要注意，数据类型要改成日期/时间类型，并要设置一个默认值 Date()，如图 2-8 所示。Date()是一个 VBA 内置的函数，它的作用是当提交一条新闻的时候如果不指明该字段的值，则系统会用当前的日期/时间来填充该字段。

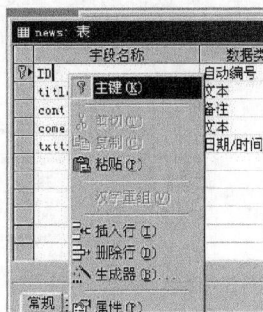

图 2-7　设置主键

（7）准备好数据库后就可以开始新闻发布系统的开发了，首先制作一个新闻提交页面 new.asp，新建一个页面——选择动态页 ASP VBScript，如图 2-9 所示。

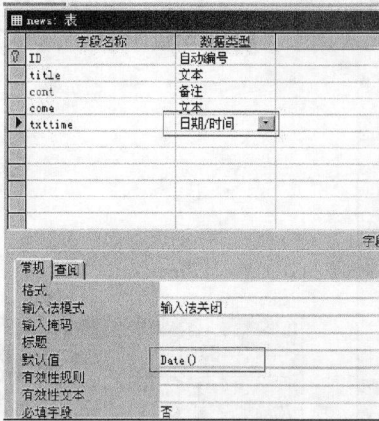

图 2-8　字段属性

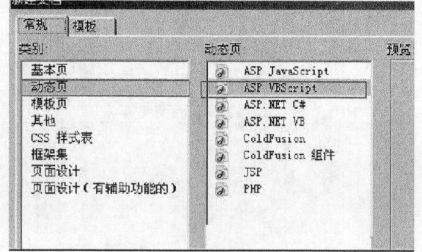

图 2-9　新建动态页

（8）插入一个表单元素，如图 2-10 所示。

（9）页面部局如图 2-11 所示，主要包括新闻标题、新闻出处、新闻内容等。

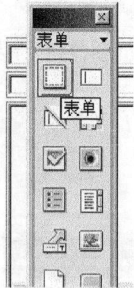

图 2-10　插入表单

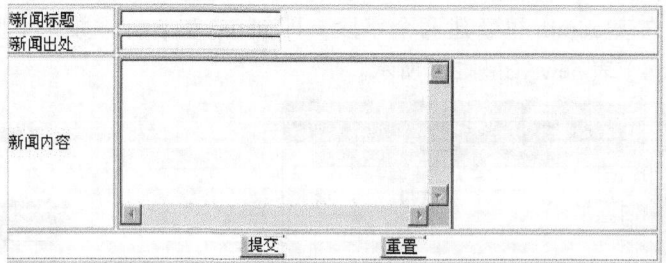

图 2-11　页面布局

（10）选择"新闻标题"后的文本框，在"属性"面板中命名为 title，如图 2-12 所示。

（11）选择"新闻出处"后的文本框，在"属性"面板中命名为 come，选择"新闻内容"后的文本框，在"属性"面板中命名为 cont 数据库连接，选择"窗口"→"数据库"命令，打开"数据库"面板，选择"自定义连接字符串"如图 2-13 所示。

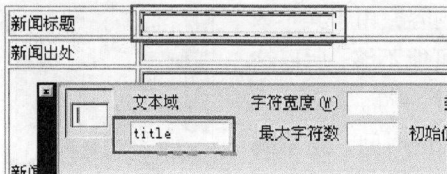

图 2-12　页面属性

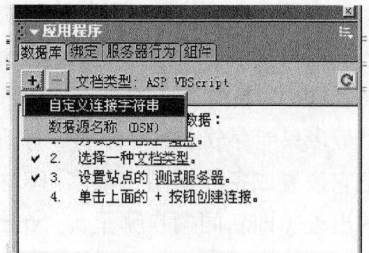

图 2-13　自定义字符串

（12）在弹出窗口中的连接名称为 news，连接字符串为

```
Driver={Microsoft Access Driver (*.mdb)};DBQ=E:\news\bata\news.mdb
```

DBQ=你实际的数据库文件的绝对路径

测试成功后单击"确定"按钮。

如果想使用相对路径，可在做好系统后把

Driver={Microsoft Access Driver (*.mdb)}; DBQ=E:\ news\bata\news.mdb

DBQ=你实际的数据库文件的绝对路径

改为

Provider=Microsoft.Jet.OLEDB.4.0;data source="& server.mappath("你的数据库文件")。

（13）这时就可以在数据库表中看到一个 news 数据表，如图 2-14 所示。

（14）定义记录集。选择"绑定"面板中的记录集（查询），如图 2-15 所示。

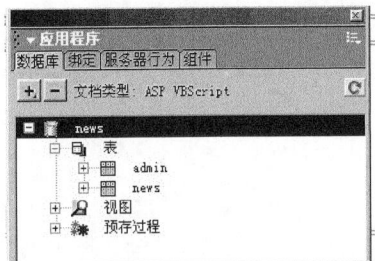

图 2-14　new 数据表

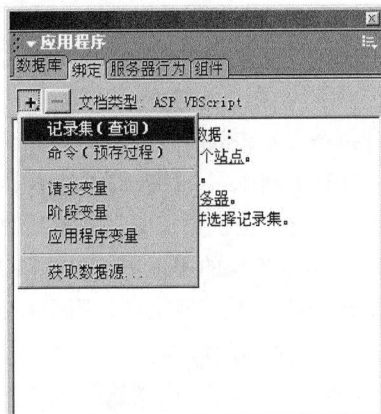

图 2-15　打开记录集

（15）在弹出的"记录集"对话框中按图 2-16 所示进行设置。

（16）选择"服务器行为"面板，选择"插入记录"命令。

（17）在弹出的"插入记录"对话框中按图 2-17 所示进行设置。

到此新闻添加页就制作完成，测试一下看看数据库文件有没有增加信息。

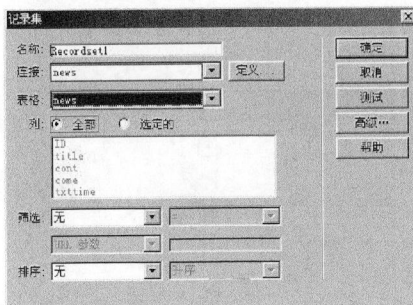

图 2-16　"记录集"对话框

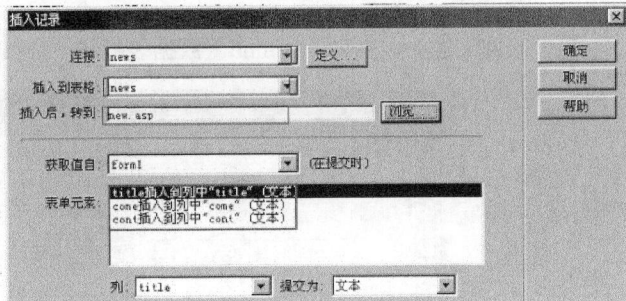

图 2-17　"插入记录"对话框

实例 3

网络程序开发实例——BBS 论坛

BBS 又称电子公告板，给大家提供了一个空间，可以自由地抒发情感、讨论问题。

网上的 BBS 大都是比较复杂的，一般支持多级回复，并可以根据关键字或作者查询，还可以统计每个人发表的文章数量等。

在这里制作一个比较简单的 BBS 论坛，主要可以实现以下几个功能：发表新文章、回复文章，并可以统计单击次数和回复文章次数，以体会 BBS 的设计思想。

该 BBS 论坛的实现主要包括以下 8 个文件。

bbs.mdb：数据库文件，用于存储文章信息。

index.asp：BBS 首页，分页显示文章信息。

connection.asp：连接数据库文件。

function.asp：一个专门保存子程序的文件。

count_hits.asp：计算单击次数的文件。

particular.asp：显示文章的具体内容。

announce.asp：发表新文章的文件。

re_ announce.asp：发表回复文章的文件。

1. 建立数据库

利用 Access 建立数据库 bbs.mdb，数据表结构如图 3-1 所示。

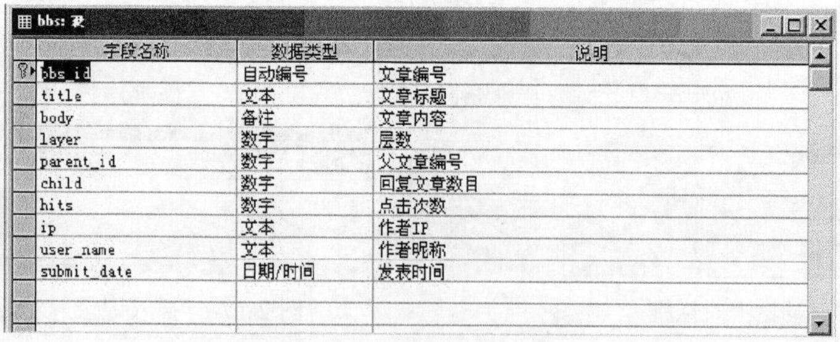

bbs: 表

字段名称	数据类型	说明
bbs_id	自动编号	文章编号
title	文本	文章标题
body	备注	文章内容
layer	数字	层数
parent_id	数字	父文章编号
child	数字	回复文章数目
hits	数字	点击次数
ip	文本	作者IP
user_name	文本	作者昵称
submit_date	日期/时间	发表时间

图 3-1 bbs 数据表结构

说明：

在这个论坛中只允许有两层：新文章和回复文章。也就是说，只能回复一层。其中 layer 字段表示是第几层，如果是新文章，则为 1；如果是回复文章，则为 2。Parent-id 表示如果是回复文章，则为原文章的文章编号；如果是新文章，置为 0。

2. 设计 BBS 首页

首页将显示数据库中的文章，并提供发表文章的超链接。

利用 FrontPage 或 Dreamweaver 建立 BBS 首页 index.asp 文件，如图 3-2 所示。

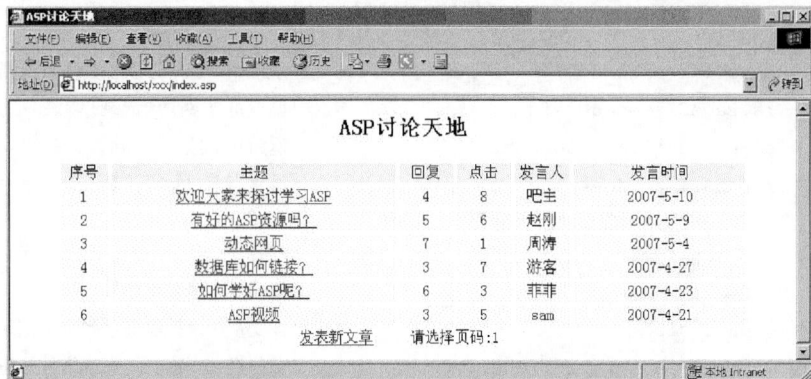

图 3-2　BBS 首页

代码具体如下：

```
<% option explicit%>
<!--#Include file="odbc_connection.asp"-->
<!--#Include file="function.asp"-->
<html>
   <head>
       <title>ASP 讨论天地</title>
   </head>
<body>
   <h2 align="center">ASP 讨论天地</h2>
   <center>
   <table border="0" bordercolor="#8800FF" width="90%" cellspacing="5">
       <tr bgcolor="#CCFFFF" align="center">
           <td width="7%">序号</td>
           <td width="43%">主题</td>
           <td width="8%">回复</td>
           <td width="8%">点击</td>
           <td width="8%">发言人</td>
           <td width="26%">发言时间</td>
       </tr>
       <%
Dim sql,rs
'因为要分页显示查询结果，所以用下面的方法创建一个 recordset 对象
sql="Select * From bbs Where layer=1 Order By submit_date desc"
Set rs=Server.CreateObject("ADODB.Recordset")
rs.Open sql,db,1                          '请注意创建 recordset 对象的方法
If Not rs.Bof And Not rs.Eof Then
    '以下主要为了分页显示
    Dim page_size                         '声明每页有多少条记录变量
    Dim page_no                           '声明当前是第几页变量
```

129

```
        Dim page_total                                  '声明总页数变量
        page_size=10                                    '每页显示 10 条记录
        If Request("page_no")="" Then                   '如果第一次打开，则 page_no 为 1，否则，
            page_no=1                                   '由传回的参数决定
        Else
            page_no=cint(Request("page_no"))
        End If
        Session("page_no")=page_no      '将 page_no 存入 session，以备其他页返回时使用
        rs.PageSize=page_size                           '设置每页多少条记录
        page_total=rs.PageCount                         '返回总页数
        rs.AbsolutePage=page_no                         '设置当前显示第几页
        '下面一段显示当前页的所有记录
        Dim I,J
        I=0                                             '该变量用来输出序号
        J=page_size                                     '该变量用来控制显示当前页记录
        Do While Not rs.Eof And J>0                     '循环直到当前页结束或文件结尾
            I=I+1
            J=J-1
%>
            <tr bgcolor="#FFFFCC" align="center">
                <td><% =(page_no-1)*page_size+I %>
                <td><a href="count_hits.asp?bbs_id=<%=rs("bbs_ID")%>">
                <%=rs("title")%></a></td>
                <td><%=rs("child")%></td>
                <td><%=rs("hits")%></td>
                <td><%=rs("user_name")%></td>
                <td><%=rs("submit_date")%></td>
            </tr>
<%
            rs.MoveNext
        Loop
    End If
    %>
    </table>
    <a href="announce.asp">发表新文章</a>    
    <%
    '调用子程序，写出有关各页的链接信息
    Call select_page(page_no,page_total)
    %>
    </center>
</body>
</html>
```

3. 建立数据库链接文件 connection.asp

利用 FrontPage 或 Dreamweaver 建立数据库链接文件 connection.asp。

代码具体如下：

```
<%
'连接 BBS 数据库
Dim db,connstr
connstr="Dbq="&Server.Mappath("bbs.mdb")&";Driver={Microsoft Access Driver (*.mdb)}"
```

```
Set db=Server.CreateObject("ADODB.Connection")
db.Open connstr
%>
```

4.　建立函数文件 function.asp

利用 FrontPage 或 Dreamweaver 建立函数文件 function.asp。

代码具体如下：

```
<%
private sub select_page(page_no,total_page)
    '该子程序依次写出各页页码，并将非当前页设置超链接，当前页则不设置
    Response.Write "请选择页码: "
    Dim I
    For I=1 to total_page
        If I=page_no Then
            Response.Write I & " "
        Else
            Response.Write "<a href='index.asp?page_no="&I&"'>"&I & "</a> "
        End If
    Next
End sub
%>
```

5.　建立计算单击次数文件 count_hits.asp

利用 FrontPage 或 Dreamweaver 建立计算单击次数文件 count_hits.asp。

代码具体如下：

```
<%Response.buffer=true%>
<!--#Include file="odbc_connection.asp"-->
<%
Dim bbs_id
bbs_id=Request("bbs_id")                                  '返回文章编号
'下面一段将单击次数加1，然后引导至 particular.asp 以显示内容
sql="Update bbs Set hits=hits+1 Where bbs_id=" & bbs_id
db.Execute(sql)
db.Close
Response.Redirect "particular.asp?bbs_id=" & bbs_id
 '引导至 particular.asp
%>
```

6.　建立显示具体内容文件 particular.asp

利用 FrontPage 或 Dreamweaver 建立显示具体内容文件 particular.asp。

代码具体如下：

```
<!--#Include file="odbc_connection.asp"-->
<html>
    <head>
        <title>详细内容</title>
    </head>
<body>
    <h2 align=center>详细内容</h2>
```

```
<%
Dim bbs_id
bbs_id=Request("bbs_id")                    '返回当前要显示的记录编号
    '以下显示当前记录内容
Dim sql,rs
sql="Select * From bbs Where bbs_id =" & bbs_id
Set rs=db.Execute(sql)
%>
<center>
<p><a href="index.asp?page_no=<%=Session("page_no")%>">返回首页</a>
      |  
<a href="re_announce.asp?bbs_id=<%=bbs_id%>&title=<%=rs("title")%>">回复文章</a>
<table border="0" bgcolor="#CCFFFF" width="90%">
    <tr>
        <td width=20%>主题</td>
        <td><b><big><%=rs("title")%></big></b></td>
    </tr>
    <tr>
        <td>内容</td>
        <td><%=rs("body")%></td>
    </tr>
    <tr>
        <td></td>
        <td align=right><small><I><%=rs("user_name")%>  发表于
<%=rs("submit_date")%></small></i></td>
    </tr>
</table>
<%
'以下显示所有回复文章内容
sql="Select title,body,user_name,submit_date From bbs Where"
sql=sql & " parent_id=" & bbs_id          '这个条件就是显示所有回复文章的内容
sql=sql + " Order By submit_date desc"
Set rs=db.Execute(sql)
Dim I                                      '声明这个变量主要是为了给回复编序号
I=0
Do While Not rs.Eof
    I=I+1
%>
    <table border="0" bgcolor="#FFFFCC" width="90%">
    <caption align=left><font color=red size=2>回复<%=I%></font></caption>
    <tr>
        <td width=20%>主题</td>
        <td><%=rs("title")%></td>
    </tr>
    <tr>
        <td>内容</td>
        <td><%=rs("body")%></td>
    </tr>
    <tr>
        <td></td>
        <td align=right><small><i><%=rs("user_name")%>   回复于
<%=rs("submit_date")%></i></small></td>
```

```
      </tr>
      </table>
   <%
      rs.MoveNext
   Loop
   %>
   </center>
</body>
</html>
```

7. 建立发表新文章文件 annouce.asp

利用 FrontPage 或 Dreamweaver 建立发表新文章文件 annouce.asp，其页面如图 3-3 所示。

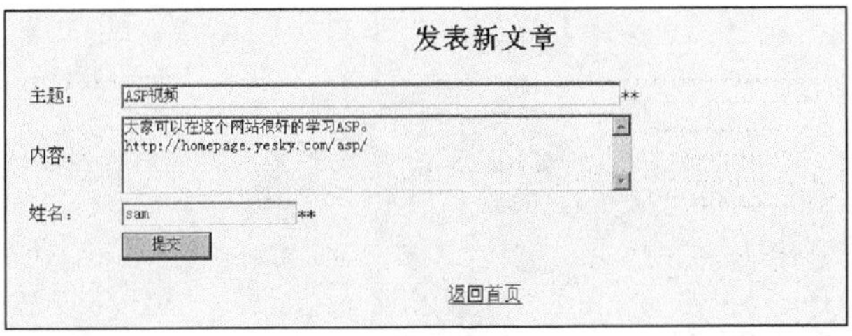

图 3-3 发表新文章页面

代码具体如下：

```
<% Response.Buffer=True %>
<!--#Include file="odbc_connection.asp"-->
<html>
<head>
    <title>发表新文章</title>
</head>
<body>
    <h2 align="center">发表新文章</h2>
    <center>
    <table border="0" width=90%>
        <form method="post" action="" name="form1" >
            <tr><td>主题: </td><td><input type="text" name="title" size="60">**
</td></tr>
            <tr><td>内容: </td><td><textarea name="body" rows="4" cols="60" wrap="soft">
</textarea></td></tr>
            <tr><td>姓名: </td><td><input type="text" name="user_name" size="20">**
    </td></tr>
            <tr><td></td><td><input type="submit" value="提交" size="20"></td></tr>
        </form>
    </table>
    </center>
    <p align=center><a href="index.asp">返回首页
    <%
'如果文章标题和作者姓名不为空，就执行下面的操作
    If Request("title")<>"" And Request("user_name")<>"" Then
        Dim title,body,layer,parent_id,child,hits,ip,user_name     '声明变量方便使用
        title=Request.Form("title")                         '返回文章标题
```

133

```
        body=Request.Form("body")                      '返回文章内容
        user_name=Request.Form("user_name")            '返回作者姓名
        layer=1                                         '这是第一层
        parent_id=0                                     '因为是第一层，父编号设为0
        child=0                                         '回复文章数目为0
        hits=0                                          '点击数为0
        ip=Request.ServerVariables("remote_addr")      '作者IP地址
         '以下将文章保存到数据库
        Dim sql,svalues
        sql="Insert Into bbs(title,layer,parent_id,child,hits,ip,user_name,submit_date"
         svalues = "Values('" & title & "'," & layer & "," & parent_id & "," &child &
        "," & hits & ",'" & ip & "','" & user_name & "'," & date() & ""
        else
        If body<>"" Then                                '如果有内容，则添加body字段
            sql = sql & "body"
            svalues = svalues" '" & body & "'"
            sql = sql & "( " & svalues & ")"
        db.Execute(sql)
        db.Close                                        '关闭connection对象
         '保存完毕，重定向回首页
        Response.Redirect "index.asp"
            End If
    %>
    </a>
</body>
</html>
```

8. 建立回复文章文件 re_ annouce.asp

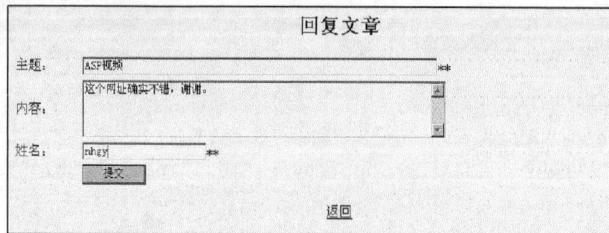

图3-4　回复文章页面

利用FrontPage或Dreamweaver建立回复文章文件 re-annouce.asp。

代码具体如下：

```
<% Response.Buffer=True %>
<!--#Include file="odbc_connection.asp"-->
<html>
<head>
    <title>回复文章</title>
</head>
<body>
    <%
    Dim bbs_id,title
```

```
    bbs_id=Request("bbs_id")                    '返回欲回复文章的编号
    title=Request("title")                      '返回欲回复文章的标题
    %>
    <h2 align="center">回复文章</h2>
    <center>
    <table border="0" width=90%>
        <form method="post" action="" name="form1" >
            <tr><td>主题: </td><td><input type="text" name="title" size="60"
value="re:<%=title%>">** </td></tr>
            <tr><td>内容: </td><td><textarea name="body" rows="4" cols="60" wrap="soft">
</textarea></td></tr>
            <tr><td>姓名: </td><td><input type="text" name="user_name" size="20">**
</td></tr>
            <tr><td></td><td><input type="submit" value="提交" size="20"></td></tr>
        </form>
    </table>
    </center>
    <p align=center><a href="particular.asp?bbs_id=<%=bbs_id%>">返回</a>
    <%
    If Request("title")<>"" And Request("user_name")<>"" Then
        Dim body,layer,parent_id,child,hits,ip,user_name   '声明变量方便使用
        title=Request.Form("title")                 '返回文章标题
        body=Request.Form("body")                   '返回文章内容
        user_name=Request.Form("user_name")         '返回作者姓名
        layer=2                                     '这是第 2 层
        parent_id=bbs_id                            '因为是第 2 层，父编号为 bbs_id
        child=0                                     '回复文章数目为 0
        hits=0                                      '点击数为 0
        ip=Request.ServerVariables("remote_addr")   '作者 IP 地址
        '以下将文章保存到数据库
        Dim sql,svalues
        sql = "Insert Into bbs(title,layer,parent_id,child,hits,ip,user_name,submit_date"
        svalues = "Values('" & title & "'," & layer & "," & parent_id & "," &child &
        "," & hits & ",'" & ip & "','" & user_name & "','" & date() & "'"
        If body<>"" Then            '如果文章内容不为空，则添加内容
            sql = sql & ",body"
            svalues = svalues & "," & "'" & body & "'"
        End If
        sql = sql & ") " & svalues & ")"
        db.Execute(sql)
        '下面两句将原文章的回复数加 1
        sql="Update bbs Set child=child+1 Where bbs_id=" & bbs_id
        db.Execute(sql)
        db.Close
        '重定向回原来的页面
        Response.Redirect "particular.asp?bbs_id=" & bbs_id
    End If
    %>
</body>
</html>
```